全国技工院校"十二五"系列规划教材
中国机械工业教育协会推荐教材
国家高技能人才培训指定教材

电加工编程与操作

（任务驱动模式）

主　编　林　涛　谭成智
副主编　李　虎　李宝柱
参　编　朱逢喜　陈大标
主　审　陈卫民

机械工业出版社

本教材根据模具设计与制造专业的岗位要求、工作流程以及职业技能标准，结合编者长期在生产第一线、教学课堂、实习工厂积累的经验，采用任务驱动模式精心编写而成。全收分上、下两篇，共14个单元。上篇为电火花线切割加工，主要介绍了数控电火花线切割加工概述，线切割加工工艺流程与安全生产，线切割机床电极丝的安装，线切割机床的加工准备，影响线切割加工工艺指标的因素，3B指令编程和ISO代码编程等；下篇为电火花成形技术，主要介绍了电火花成形机床，电极设计与制造，工件、电极的装夹与校正和电加工参数的选择等。

本教材可作为模具设计与制造专业教材，供各类技工院校、职业技术院校模具专业师生使用，也可作为国家高技能人才培训用书，同时可供相关工程技术人员参考。

图书在版编目（CIP）数据

电加工编程与操作：任务驱动模式/林涛，谭成智主编．—北京：机械工业出版社，2013.7（2025.1重印）
全国技工院校"十二五"系列规划教材
ISBN 978-7-111-42629-5

Ⅰ.①电… Ⅱ.①林…②谭… Ⅲ.①电加工机床-程序设计-技工学校-教材②电加工机床-操作-技工学校-教材 Ⅳ.①TG661

中国版本图书馆CIP数据核字（2013）第109391号

机械工业出版社（北京市百万庄大街22号　邮政编码100037）
策划编辑：赵磊磊　责任编辑：赵磊磊
版式设计：霍永明　责任校对：李锦莉
责任印制：单爱军
北京虎彩文化传播有限公司印刷
2025年1月第1版·第4次印刷
184mm×260mm·11.75印张·285千字
标准书号：ISBN 978-7-111-42629-5
定价：45.00元

电话服务　　　　　　　网络服务
客服电话：010-88361066　机　工　官　网：www.cmpbook.com
　　　　　010-88379833　机　工　官　网：weibo.com/cmp1952
　　　　　010-68326294　机　工　官　博：www.golden-book.com
封底无防伪标均为盗版　机工教育服务网：www.cmpedu.com

全国技工院校"十二五"系列规划教材编审委员会

顾　问：郝广发

主　任：陈晓明　李　奇　季连海

副主任：（按姓氏笔画排序）

丁建庆　王　臣　冯跃虹　刘启中　刘亚琴　刘治伟
李长江　李京平　李俊玲　李晓庆　李晓毅　佟　伟
沈炳生　陈建文　黄　志　章振周　董　宁　景平利
曾　剑　魏　葳

委　员：（按姓氏笔画排序）

于新秋　王　军　王　珂　王小波　王占林　王良优
王志珍　王栋玉　王洪章　王惠民　方　斌　孔令刚
白　鹏　乔本新　朱　泉　许红平　汤建江　刘　军
刘大力　刘永祥　刘志怀　毕晓峰　李　华　李成飞
李成延　李志刚　李国诚　吴　岭　何丽辉　汪哲能
宋燕琴　陈光华　陈志军　张　迎　张卫军　张廷彩
张敬柱　林仕发　孟广斌　孟利华　荆宏智　姜方辉
贾维亮　袁　红　阎新波　展同军　黄　樱　黄锋章
董旭梅　谢蔚明　雷自南　鲍　伟　潘有崇　薛　军

总策划：李俊玲　张敬柱　荆宏智

序

"十二五"期间,加速转变生产方式、调整产业结构将是我国国民经济和社会发展的重中之重。而要完成这种转变和调整,就必须有一大批高素质的技能型人才作为后盾。根据《国家中长期人才发展规划纲要(2010—2020年)》的要求,至2020年,我国高技能人才占技能劳动者的比例将由2008年的24.4%上升到28%(目前一些经济发达国家的这个比例已达到40%)。可以预见,作为高技能人才培养重要组成部分的高级技工教育,在未来的10年必将会迎来一个高速发展的黄金期。近几年来,各职业院校都在积极开展高级工培养的试点工作,并取得了较好的效果。但由于起步较晚,课程体系、教学模式都还有待完善与提高,教材建设也相对滞后,至今还没有一套适合高级技工教育快速发展需要的成体系、高质量的教材。即使一些专业(工种)有高级工教材也不是很完善,或是内容陈旧、实用性不强,或是形式单一、无法突出高技能人才培养的特色,更没有形成合理的体系。因此,开发一套体系完整、特色鲜明、适合理论实践一体化教学、反映企业最新技术与工艺的高级工教材,就成为高级技工教育亟待解决的课题。

鉴于高级技工教材短缺的现状,机械工业出版社与中国机械工业教育协会从2010年10月开始,组织相关人员,采用走访、问卷调查、座谈等方式,对全国有代表性的机电行业企业、部分省市的职业院校进行了历时6个月的深入调研。对目前企业对高级工的知识、技能要求,各学校高级工教育教学现状、教学和课程改革情况以及对教材的需求等有了比较清晰的认识。在此基础上,他们紧紧依托行业优势,以为企业输送满足其岗位需求的合格人才为最终目标,组织了行业和技能教育方面的专家精心规划了教材书目,对编写内容、编写模式等进行了深入探讨,形成了本系列教材的基本编写框架。为保证教材的编写质量、编写队伍的专业性和权威性,2011年5月,他们面向全国技工院校公开征稿,共收到来自全国22个省(直辖市)的110多所学校的600多份申报材料。组织专家对作者及教材编写大纲进行了严格评审,决定首批启动编写机械加工制造类专业、电工电子类专业、汽车检测与维修专业、计算机技术相关专业教材以及部分公共基础课教材等,共计80余种。

本套教材的编写指导思想明确,坚持以达到国家职业技能鉴定标准和就业能力为目标,以各专业的工作内容为主线,以工作任务为引领,由浅入深,循序渐进,精简理论,突出核心技能与实操能力,使理论与实践融为一体,充分体现"教、学、做合一"的教学思想,致力于构建符合当前教学改革方向的,以培养应用型、技术型、创新型人才为目标的教材体系。

本套教材重点突出了如下三个特色:一是"新"字当头,即体系新、模式新、内容新。

体系新是把教材以学科体系为主转变为以专业技术体系为主；模式新是把教材传统章节模式转变为以工作过程的项目为主；内容新是教材充分反映了新材料、新工艺、新技术、新方法。二是注重科学性。教材从体系、模式到内容符合教学规律，符合国内外制造技术水平实际情况。在具体任务和实例的选取上，突出先进性、实用性和典型性，便于组织教学，以提高学生的学习效率。三是体现普适性。由于当前高级工生源既有中职毕业生，又有高中生，各自学制也不同，还要考虑到在职人群，教材内容安排上尽量照顾到了不同的求学者，适用面比较广泛。

此外，本套教材还配备了电子教学课件，以及相应的习题集、实验、实习教程，现场操作视频等，初步实现教材的立体化。

我相信，本系列教材的出版，对深化职业技术教育改革、提高高级工培养的质量，都会起到积极的作用。在此，我谨向各位作者和所在单位及为这套教材出力的学者表示衷心的感谢。

原机械工业部教育司副司长
中国机械工业教育协会高级顾问
郭广发

前 言

本教材根据模具设计与制造专业的岗位要求、工作流程以及职业技能标准，结合编者长期在生产第一线、教学课堂、实习工厂积累的经验，精心编写而成。课程开发体现"在工作中学习，在学习中工作"的理念，明确职业导向，将具体的工作情境置于教学过程中，并以工作性思维来构建教学过程，将相应的理论知识与工作任务相结合，做到"用什么，学什么"。工作任务的开发是以"校企合作为基础"，将企业的工作形态和工作内容充分且有效地呈现于教学过程中。

本教材的主要特色如下：

1. 在教材内容定位上，坚持以就业为导向、贴近企业的原则，重视对学生实际操作技能的培养。在删除繁冗理论知识的同时，编入大量企业生产的实例。同时，贯彻国家最新技术标准，反映新知识、新工艺、新技术、新方法。

2. 在教材结构的构建上，坚持教学改革、为一体化教学服务的原则。本教材采用了任务驱动编写模式，以典型的工作任务为载体，构成教学单元，有机融入理论知识和操作技能，使学生在完成岗位任务的情境中进行学习。

3. 在教材表现形式上，坚持直观生动、以学生为本的原则。本教材采用了大量照片和三维造型图，便于学生认清工件结构，快速掌握相关知识。

本教材分上、下两篇，上篇为电火花线切割加工，主要内容包括：数控电火花线切割加工概述，线切割加工工艺流程与安全生产，线切割机床电极丝的安装，线切割机床的加工准备，影响线切割加工工艺指标的因素，3B指令编程，ISO代码编程，电火花线切割自动编程简介，数控电火花线切割的一般加工方法；下篇为电火花成形技术，主要内容包括：电火花成形机床，电极设计与制造，工件、电极的装夹与校正，电加工参数的选择，电火花加工的应用。

本教材可作为模具设计与制造专业教材，供各类技工院校、职业技术院校模具专业师生使用，也可作为国家高技能人才培训用书同时可供相关工程技术人员参考。

本教材由林涛、谭成智任主编，李虎、李宝柱任副主编，朱逢喜、陈大标参加编写，全书由陈卫民主审。本教材的编写得到湖北省荆门市高级技工学校、广东省阳江市高级技工学校等单位的大力支持和帮助，在此表示衷心的感谢。

由于编者水平有限，书中难免存在错误和不足之处，恳请广大读者批评指正。

编 者

目 录

序
前言

上篇　电火花线切割加工

单元1　数控电火花线切割加工概述 ·················· 2
任务1　认识冬庆DK7732型数控快走丝线切割机床········· 2
任务2　了解数控电火花线切割加工的基本原理及其应用········· 5

单元2　线切割加工工艺流程与安全生产 ·················· 11
任务1　了解电火花线切割加工的主要工艺指标 ········· 11
任务2　了解电火花线切割机床安全操作规范及维护保养 ········· 15

单元3　线切割机床电极丝的安装 ·················· 20
任务1　储丝筒上丝 ········· 20
任务2　穿丝 ········· 22
任务3　校正电极丝的垂直度 ········· 27

单元4　线切割机床的加工准备 ·················· 32
任务1　工件的装夹及找正 ········· 32
任务2　电极丝相对于工件的定位 ········· 37

单元5　影响线切割加工工艺指标的因素 ·················· 42
任务1　配置线切割工作液 ········· 42
任务2　了解电极丝对线切割工艺性能的影响 ········· 46
任务3　了解工件自身对线切割工艺性能的影响 ········· 51
任务4　了解电加工参数对工艺指标的影响 ········· 53

单元6　3B指令编程 ·················· 61
任务1　认识3B程序格式 ········· 61
任务2　掌握偏移补偿的概念及应用 ········· 65

单元7　ISO代码编程 ·················· 72

单元8　电火花线切割自动编程简介 ·················· 84

单元9　数控电火花线切割的一般加工方法 ·················· 88
任务1　切割单个形状零件 ········· 88
任务2　切割复合模零件 ········· 93

Ⅶ

  任务3 切割锥度 ··· 95
  任务4 加工上、下异形工件 ·· 98

下篇 电火花成形技术

单元10 电火花成形机床 ·· 104
  任务1 认识电火花成形机床 ··· 104
  任务2 电火花成形机床安全操作规程及维护保养 ············· 120
单元11 电极设计与制造 ·· 124
单元12 工件、电极的装夹与校正 ··· 132
  任务1 工件的装夹与校正 ·· 132
  任务2 电极的装夹与校正 ·· 135
  任务3 电极与工件的定位 ·· 139
单元13 电加工参数的选择 ·· 146
单元14 电火花加工的应用 ·· 156
  任务1 断入工件丝锥的电火花加工 ·· 156
  任务2 单电极法电火花型腔加工 ·· 161
  任务3 单电极平动法电火花型腔加工 ···································· 166
  任务4 多电极更换法电火花型腔加工 ···································· 171

参考文献 ·· 176

上 篇

电火花线切割加工

单元 1 数控电火花线切割加工概述

知识目标

♪ 了解电火花线切割加工机床的结构及其分类
♪ 了解电火花线切割加工的基本原理及其应用

技能目标

♪ 掌握快走丝线切割加工机床的基本操作方法

任务 1 认识冬庆 DK7732 型数控快走丝线切割机床

 任务描述

如图 1-1 所示为冬庆 DK7732 型数控快走丝线切割机床。观察其结构，试分析其各部分结构的功能。再在实习教师指导下，起动机床，进行简单加工，了解线切割加工流程，分析其原理。

 **任务分析**

数控电火花线切割加工机床的种类较多。本教材所介绍的冬庆 DK7732 型数控快走丝线切割机床是在实际生产、教学中广泛应用的一种快走丝线切割机床，其结构和功能都具有普遍性。通过此次任务实施，使学生建立起对线切割加工机床的感性认识，了解其主要结构及简单操作流程。

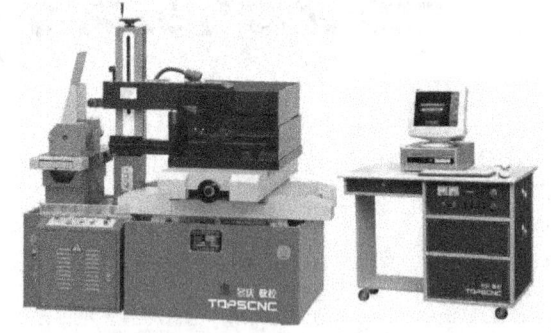

图 1-1　冬庆 DK7732 型数控快走丝线切割机床

 相关知识

1. 冬庆 DK7732 型数控快走丝线切割机床结构

冬庆 DK7732 型数控快走丝线切割机床结构如图 1-2 所示。它主要由机床本体、电源控制柜以及数控系统三大部分组成。其中，机床本体又包括床身、工作台、走丝系统（丝架、储丝筒）、立柱、工作液箱等。

（1）床身　床身一般为铸件，是工作台、绕丝机构及线架的支承和固定基础，通常采用箱式结构，应有足够的强度和刚度。

（2）工作台　工作台由上滑板4和下滑板5组成。电火花线切割机床最终都是通过工作台与电极丝的相对运动来实现对零件的加工。为保证机床精度，对导轨的精度、刚度和耐磨性要求较高。一般采用"十"字滑板、滚动导轨和滚珠丝杠螺母传动副将电动机的旋转运动变为工作台的直线运动，通过两个坐标方向独立的进给运动，可获得各种平面图形的曲线轨迹。为保证工作台的定位精度和灵敏度，传动丝杠和螺母之间必须消除间隙。

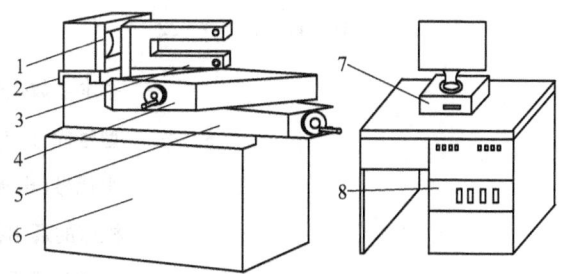

图1-2　冬庆DK7732型数控快走丝线切割加工机床结构
1—储丝筒　2—走丝溜板　3—丝架
4—上滑板　5—下滑板　6—床身
7—数控系统　8—电源控制柜

（3）走丝系统　走丝系统由储丝筒1、走丝溜板2和丝架3等组成。走丝系统使电极丝高速运动并保持一定的张力。在快走丝机床上，一定长度的电极丝平整地卷绕在储丝筒上，电丝的张力与排绕时的拉紧力有关（为提高加工精度，近来已研制出恒张力装置），储丝筒通过联轴器与驱动电动机相连。为了重复使用该段电极丝，电动机由专门的换向装置控制做正反向交替旋转运动。走丝速度等于储丝筒圆周处的线速度（有些机床上用挡位开关控制丝筒的旋转速度）。在运动过程中，电极丝由丝架支撑，并依靠导轮保持电极丝与工作台垂直或倾斜一定的几何角度（锥度切割时）。电火花线切割机床是以电极丝作为工具对工件进行放电加工的，因此，使电极丝移动的走丝系统就是电火花线切割机床结构上的特有部分。

（4）脉冲电源　脉冲电源由电源控制柜8产生，一般为矩形波，受加工表面粗糙度和电极丝允许承载电流的限制，线切割加工脉冲电源的脉宽较窄（2～60μs），单个脉冲能量、平均电流一般较小，所以线切割总是采用正极性加工（即工件接正极，电极丝接负极）。脉冲电源的形式很多，如晶体管短形波脉冲电源、高频分组脉冲电源、并联电容型脉冲电源和低损耗电源等。

（5）数控装置　即控制系统，主要由数控系统7控制，现多采用独立计算机。它的作用是在电火花线切割加工过程中，按加工要求自动控制电极丝相对于工件的运动轨迹和进给速度，来实现对工件的加工。当控制系统使电极丝相对于工件按一定轨迹运动时，同时还应该实现进给速度的自动控制，保证电极丝与工件间有合适的放电间隙，以维持正常稳定的切割加工。

2. 线切割机床型号的编制

冬庆DK7732型机床是我国自主生产的线切割机床，其机床型号是根据GB/T 15375—2008《金属切削机床　型号编制方法》的规定来编制的，机床型号由汉语拼音字母和阿拉伯数字组成，分别表示机床的类别、特性和基本参数。DK7732型数控电火花快走丝线切割机床型号中的字母和数字含义如下：

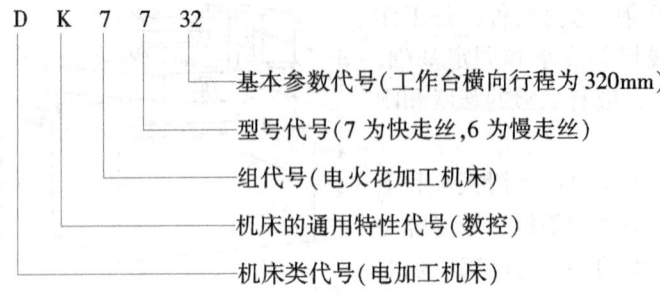

 任务准备

电火花线切割机床若干。

 任务实施

1）认识 DK7732 型线切割机床的结构。在车间参观包括冬庆 DK7732 型线切割机床在内的各种线切割机床，辨识其组成，了解各个部分的结构及作用。

2）移动工作台到指定坐标点。

3）开动运丝及液压泵，观察走丝情况。

4）正确开、关机。

 检查评议

此次任务主要为现场观察，要求学生建立对线切割机床的初步认识。通过观察，学生应能指出线切割机床各部分组成，并对相应的功能有所了解。

 问题及防治

进入现场，首先要保证自身安全和设备安全。进入车间、观察机床、离开车间的全过程都要在老师带领下有序进行。由于是第一次接触该类机床，在操作前，学生应征得老师同意并在老师指导下动手操作。

 扩展知识

电火花线切割机床的分类

电火花线切割机床的分类方法有很多，一般可以按照走丝速度、工作液供给方式、电极丝位置等进行分类。

1. 按走丝速度分类

所谓走丝速度，是指电极丝运行时的线速度。根据电极丝走丝速度的不同，数控电火花线切割机床可分为数控快走丝线切割机床和数控慢走丝线切割机床两类。这也是实际生产中最常见的分类方法。

数控快走丝电火花线切割机床也称为数控高速走丝线切割加工机床，是我国独有的一种电火花加工机床。其电极丝在加工中做高速往复运动，一般走丝速度为 8~10m/s，电极丝可重复使用。本任务中的冬庆 DK7732 型线切割机床即是其典型代表。

数控慢走丝电火花线切割机床如图 1-3 所示，其电极丝在加工中的速度要低得多，一般小于 0.2m/s，电极丝放电后不重复使用，加工质量好。近年来，该机床在国内也得到越来越多的应用。

2. 按工作液供给方式分类

按工作液供给方式的不同，数控电火花线切割机床可分为冲液式和浸液式。冲液式即上、下两股射流沿电极丝输送工作液，快走丝线切割机床都是采用这种供液方式；浸液式则是在加工时，电极丝全部浸在工作液中，慢走丝线切割机床多采用这种供液方式。

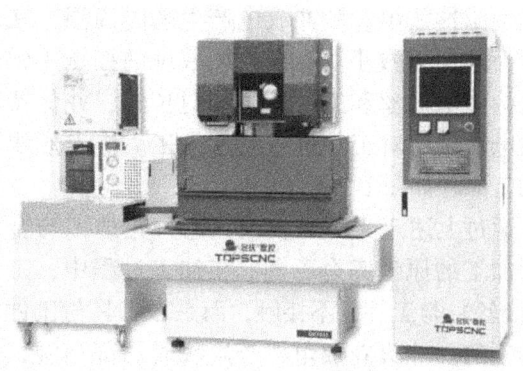

图 1-3　冬庆慢走丝电火花线切割机床

3. 按电极丝位置分类

按电极丝位置的不同，数控电火花线切割机床可分立式和卧式。这种分类方法类似于铣床，不同的是这里是电极丝，而铣床则是主轴。

任务 2　了解数控电火花线切割加工的基本原理及其应用

任务描述

如图 1-4 所示为电火花线切割加工模具型腔。同学们在实习车间看过，电极丝非常细，也很容易折断，而工件材料或是钢铁，或是合金，硬度一般都比较高，有时可能还厚达几百毫米。这些工件用传统方法切削加工尚且不易，一根细细的电极丝究竟是如何实现对这些工件的加工呢？

任务分析

和传统的车削、铣削、钳工加工不同，电火花线切割加工没有显而易见的刀具或工具，只有一根金属丝；也没有明显的宏观外力来去除材料，而只是在加工时看见金属丝和工件间有火花冒出。更让人费解的是，一根金属丝是怎么把几十甚至几百毫米的钢件"割开"的呢？它们之间究竟发生了怎样的物理变化或化学变化呢？加工时的火花又是如何产生的呢？直观地去看，这些问题很难找到答案。下面，我们通过对其原理的探究，试图找到上述问题的答案。

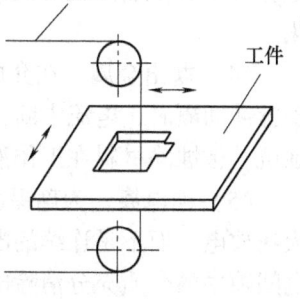

图 1-4　电火花线切割加工模具型腔

相关知识

1. 电火花线切割加工的原理

电火花线切割加工是通过脉冲电源在电极丝和工件间施加脉冲电压，通过伺服机构保持一定的间隙，使电极丝与工件在绝缘工作液介质中发生脉冲放电。脉冲放电产生瞬时高温，在工件表面蚀出无数小坑，在数控系统的控制下，伺服机构使电极丝和工件发生相对位移，并保持脉冲放电，从而对工件进行尺寸加工。快走丝线切割加工原理如图1-5所示。

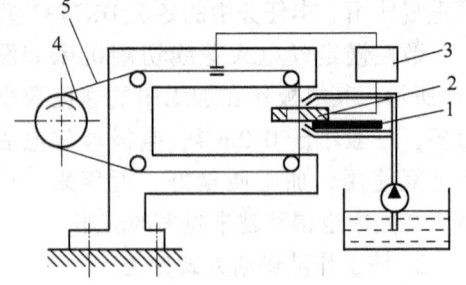

图1-5 快走丝线切割加工原理图
1—绝缘底板 2—工件 3—脉冲电源 4—储丝筒 5—电极丝

通过上述定义不难发现，电火花加工与金属切削加工的原理完全不同。在加工过程中，工具（电极丝）与工件并不接触，而是靠工具与工件之间不断的脉冲火花放电，产生瞬时局部高温，把金属材料逐步蚀除掉。每次电火花蚀除材料的微观过程是热和力等综合作用的过程。这一过程又大致可分为以下几个阶段：电离击穿、放电通道、金属熔化和汽化、抛出金属及消电离恢复绝缘强度。

（1）电离击穿　电极丝在绝缘介质中靠近工件时，由于两极微观表面凹凸不平，电场分布不均匀，在两极离得最近的某一点，电场强度最高，在超越临界状态后，进而击穿绝缘介质，使介质由不导电的分子态变为可导电的离子态。

（2）放电通道　在电场力作用下，电离出来的自由正离子和电子在场中积聚，很快形成被电离的放电通道。通道内的正离子奔向阳极，电子则高速奔向阴极。原先几百欧姆的电阻降低到$1\sim2\Omega$，甚至几分之一欧姆，所通过的电流亦相应地由0增大到相当大的数值，而放电间隙电压则由开路电压降低到20V左右的放电电压。

（3）金属熔化和汽化：电子和离子在高速相向运动时相互碰撞，阳极和阴极表面分别受到电子流和离子流的轰击，这些消减的动能势必转化成内能，使电极间隙内产生瞬时高温，其中心温度甚至可超过10000℃。如此高温，使得金属工件表面瞬间熔化甚至直接汽化。

（4）抛出金属　在介质和工件汽化时形成的气泡，压力不断上升。当脉冲放电结束处于脉冲间隔时，电流中断，温度突然降低，引起气泡爆炸，产生的冲击力把熔化的物质抛出蚀坑，被蚀除材料在工作液中重新凝结成小颗粒，被工作液带走。

（5）消电离　为确保脉冲电源发出的一串电脉冲在电极丝和工件间产生一个个间断的火花放电，而不是连续的电弧放电，必须保证前后两个电脉冲之间有足够的间歇时间，使放电间隙中的介质充分消除电离状态。在脉冲间隔，被电离的正离子和电子再结合成中性的分子态，为下次放电作准备。

由此可见，电火花线切割加工必须满足以下基本条件：

1）电极丝与工件之间必须保持一定的放电间隙。保持间隙，一是满足脉冲电压击穿工作液介质的需要，二是可以在消电离时及时排出电蚀产物。间隙距离应适当，间隙过大，极间电压不能击穿介质，无法产生火花放电；而间隙过小，则不利于蚀除物的排除，易形成重复放电甚至短路，也无法稳定加工。需要指出的是，由于工件在不断蚀除，电极丝和工件要保持恒定的间隙，电极丝必须相对于工件做精密的伺服运动，通过补偿蚀除量，达到放电间隙的动态恒定。

2）必须在绝缘的液体介质中进行。要求绝缘是为了产生脉冲性的火花放电；另外，液体介质也可以较好地排出间隙内的电蚀产物以及冷却电极丝。

3）放电必须是短时间的脉冲放电。由于放电时间短，使放电时产生的热能来不及在被加工材料内部扩散，从而把能量作用局限在很小的范围内，保持火花放电的冷极特性。

4）工件接脉冲电源阳极。由于电子质量小，其奔向阳极的速度很快，因而在阳极产生的能量以及由此导致的金属蚀除量要远远大于阴极的蚀除量，因此在线切割加工时，工件一律接电源阳极（正极）。

2. 电火花线切割加工的特点

对照加工原理，可以得出电火花线切割加工的特点主要有以下几个方面：

1）直接利用线状的电极丝作为电极，不需要像电火花成形加工那样的成形工具电极，可节约电极设计、制造费用，缩短生产准备周期。

2）由于电极丝极细，可以加工用传统切削加工方法难以加工或无法加工的微细异形孔、窄缝和形状复杂的工件。尺寸精度可达 $0.02 \sim 0.01\mathrm{mm}$，表面粗糙度值可达 $Ra1.6\mu m$。还可切割带斜度的模具或工件。

3）利用电蚀原理加工，电极丝与工件不直接接触，两者之间的作用力很小，因而工件的变形很小，电极丝、夹具不需要太高的强度。

4）电火花线切割能切割加工用传统方法难以加工或无法加工的高硬度、高强度、高脆性、高韧性等导电材料及半导体材料。在加工中作为刀具的电极丝无需刃磨，可节省辅助时间和刀具费用。

5）工件被加工表面受热影响小，适合于加工热敏感性材料。

6）直接利用电、热能进行加工，可以方便地对影响加工精度的加工参数（如脉冲宽度、间隔、电流）进行调整，有利于加工精度的提高，便于实现加工过程的自动化控制。

7）电极丝是不断移动的，单位长度损耗少，特别是在慢走丝线切割加工时，电极丝一次性使用，故加工精度非常高（可达 $\pm 2\mu m$）。

8）采用线切割加工冲模时，可实现凸、凹模一次加工成形。

3. 数控电火花线切割加工的应用

数控电火花线切割加工主要用于加工各种冲模、塑料模、粉末冶金模等，也可切割各种样板、磁钢、半导体材料或贵重金属，还可进行微细加工，如异形槽和试件上标准缺陷的加工。它为新产品试制、精密零件加工及模具制造开辟了新的工艺途径。

1）模具加工。绝大多数冲裁模都采用线切割加工制造，因为只需计算一次，编好程序后就可加工出凸模、凸模固定板、凹模及卸料板。此外，还可加工粉末冶金模、压弯模及塑压模等。

2）新产品试制。新产品试制时，一些关键件往往需用模具制造，但加工模具周期长且成本高，采用线切割加工可以直接切制零件，从而缩短新产品的试制周期。

3）加工难加工零件。如精密型孔、样板及成形刀具、精密狭槽等，利用机床切削加工就很困难，而采用线切割加工则比较适宜。此外，不少电火花成形加工所用的工具电极（大多用纯铜制作，机械加工性能差）也采用线切割加工。

4）贵重金属下料。由于线切割加工用的电极丝尺寸远小于切削刀具尺寸（最细的电极丝直径可达 $\phi 0.02\mathrm{mm}$），用它切割贵重金属，可节约很多切缝消耗。

任务准备

电火花线切割机床若干。

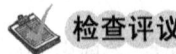

1）绘制脉冲电源波形图，分析为什么其适合放电加工。
2）绘制电火花加工几个阶段的示意图，并根据图简要说明其过程。
3）在教师指导下，利用线切割机床进行简易加工，观察电流、电压、火花情况。

 检查评议

本任务重在对电火花线切割加工原理的理解，学生应能够说出电火花加工的几个阶段，同时根据加工原理，判断哪些零件可以用电火花线切割加工，哪些零件不能用电火花线切割加工。

 问题及防治

只有深刻理解电火花线切割的加工原理，才能对其应用做出正确判断，因此要认真学习电火花加工的基本原理。

扩展知识

电火花加工的起源及发展

电火花加工中的电蚀现象早在20世纪初就已被人们发现，如插头、开关的启闭所产生的电火花把接触表面烧毛，腐蚀成粗糙不平的凹坑而逐渐损坏。长期以来，电腐蚀一直被认为是一种有害的现象，人们不断地研究电腐蚀的原因并设法减轻和避免电腐蚀的发生。但事物都是一分为二的，只要掌握规律，在一定条件下可以把坏事转化为好事，把有害变为有用。20世纪中期，前苏联的拉扎林科夫妇在研究开关触点遭受火花放电腐蚀而损坏的现象和原因时，发现电火花的瞬时高温使金属熔化、汽化而被蚀除掉，从而开创和发明了电火花加工方法，并于1943年利用电容器反复充电放电的原理研制出世界上第一台实用型的电火花加工装置，并用铜丝在淬火钢上加工出小孔，实现了用软金属工具加工任何硬度的金属材料，获得了"以柔克刚"的效果。

我国较早从前苏联引入了电火花加工技术，在20世纪50年代，上海、营口、天津等地批量生产电火花成形及线切割机床，特别是在20世纪60年代末，上海电表厂在阳极切割的基础上发明了我国独创的数控高速走丝线切割机床，这种高速走丝线切割机床具有优异的性价比和良好的经济性，非常适合我国国情，所以线切割机床在我国各类数控机床中占有相当大的比例。特别是近年来，机床结构和脉冲电源性能不断改善，提高了机床的加工精度和加工效率，在今后的机械制造业中，电火花加工将具有广阔的市场前景。

现阶段，在工厂实际应用中的电火花机床种类较多。除了传统的电火花成形机、电火花线切割机床以外，电火花磨削及镗削、电火花同步共轭回转加工、电火花高速小孔加工、电火花表面强化与刻字加工也有广泛应用。表1-1列出了各类电火花加工方法的主要特点和用途。

表1-1 电火花加工工艺方法、特点和用途

工艺方法	特　点	用　途	备　注
电火花穿孔成形加工	1）工具和工件间只有一个相对的伺服进给运动 2）工具为成形电极，与被加工表面有相同的截面和相应的形状	1）穿孔加工。加工各种冲模、挤压模、粉末冶金模、各种异形孔和微孔等 2）型腔加工。加工各类型腔模及各种复杂的型腔零件	约占电火花机床总数的30%，典型机床有D7125、D7140型电火花穿孔成形机床等
电火花线切割加工	1）工具电极为沿电极丝轴线垂直移动的线状电极 2）工具与工件在两个水平方向同时有相对伺服进给运动	1）切割各种冲模和具有直纹面的零件 2）下料、截割和窄缝加工	约占电火花机床总数的60%，典型机床为DK7725、DK7740型数控电火花线切割机床
电火花内孔、外圆或成形磨削	1）工具与工件有相对的旋转运动 2）工具与工件间有径向和轴向的进给运动	1）加工高精度、表面粗糙度值小的小孔，如拉丝模、挤压模、微型轴承内环、钻套等 2）加工外圆、小模数滚刀等	约占电火花机床总数的3%，典型机床有D6310型电火花小孔内圆磨床等
电火花同步共轭回转加工	1）成形工具与工件均做旋转运动，但二者速度相等或成整倍数，相对应接近的放电点有切向相对运动速度 2）工具相对工件可做纵、横向进给运动	以同步回转、展成回转、倍角速度回转等不同方式，加工各种复杂型面的零件，如高精度的异形齿轮，精密螺纹环规，高精度、高对称度、表面粗糙度值小的内外回转体表面等	占电火花机床总数不足1%，典型机床有JN-2、JN-8型内外螺纹加工机床
电火花高速小孔加工	1）采用细管（直径大于ϕ0.3mm）电极，管内冲入高压水基工作液 2）细管电极旋转 3）穿孔速度很高（30~60mm/min）	1）线切割穿丝预孔 2）加工深径比很大的小孔，如喷嘴等	约占电火花机床总数的2%，典型机床有D703A型电火花高速小孔加工机床
电火花表面强化、刻字	1）工具在工件表面上振动，在空气中产生火花 2）工具相对工件移动	1）模具刃口，刀具、量具刃口表面强化和镀覆 2）电火花刻字、打印记	约占电火花机床总数的1%~2%，典型机床有D9105型电火花强化机等

思考与练习

一、填空题

1. 一般而言，快走丝线切割机床由_____、_____和_____三大部分组成。
2. 快走丝机床的走丝系统一般由_____、_____和_____组成。

3. DK7632 型数控电火花线切割机床型号中，D 表示_____。

4. 电火花蚀除的微观过程是热和力等综合作用的过程。这一过程大致可分为五个阶段：_____、_____、_____、_____和_____。

二、简答题

1. 简述 DK7735 型数控电火花线切割机床型号中各字母和数字的含义。

2. 电火花线切割为什么要使用脉冲电源？

3. 简述电火花线切割加工的原理，并分析其微观的五个阶段。

三、操作题

认真观察实习车间的线切割设备，画出其结构简图并标示出主要结构组成。

单元2 线切割加工工艺流程与安全生产

知识目标

- ♪ 了解线切割加工的主要工艺指标
- ♪ 了解线切割加工的工艺流程
- ♪ 了解线切割加工机床操作安全规范及维护保养

技能目标

- ♪ 拟订一般产品的线切割加工流程
- ♪ 正确使用和保养线切割机床

任务1 了解电火花线切割加工的主要工艺指标

任务描述

如图2-1所示为一线切割实习作品,加工的是一个花瓣状零件。大家可能想知道,加工这么漂亮的一个"花瓣",需要多长时间呢?加工完成以后,又是从哪些方面判断该产品是否合格?这些都涉及电火花线切割加工工艺指标的问题。本任务中需要了解电火花线切割加工的主要工艺指标。

任务分析

在进行电火花线切割加工之前,需要对产品加工时间(或加工速度)、加工精度等进行预先评估,或者说需要以一定的标准来具体量化电火花线切割加工的过程及效果。电火花线切割工艺指标就是衡量这些要素的"尺子"。

图2-1 线切割实习作品

相关知识

数控电火花线切割加工的主要工艺指标有加工精度、表面质量、切割速度等,用它们对数控电火花线切割的加工过程、加工效果进行综合评价。

1. 加工精度

加工精度包括尺寸精度、形状精度和位置精度。加工精度受到机床本身固有精度的限制，同时也受到非机床因素的影响，如环境因素、操作人员的技能水平等。

2. 表面质量

数控电火花线切割加工工件的表面质量包括表面粗糙度和表面变质层两项工艺指标。

（1）表面粗糙度　线切割产品表面粗糙度的测量和车、铣加工产品等有所不同，由于线切割产品加工后表面有污物（分解的炭黑、电极丝残留物等），所有表面粗糙度值等于或大于 $Ra0.3\mu m$ 的工件，在工艺参数试验的过程中，都进行了表面微粒喷砂处理。喷砂处理后的工件表面粗糙度值会减小，例如，处理前为 $Ra3.6\mu m$，处理后为 $Ra1.8\mu m$。

（2）表面变质层　数控电火花线切割加工是利用放电热效应进行加工的，材料表面因放电产生高温而熔化，然后急冷产生变质层。它与工件材料、电极丝材料、脉冲电源和工作液等参数有关。变质层的厚度随脉冲能量的增大而变厚。变质层上常出现较多的是显微裂纹，这种显微裂纹大多是由于金属从熔化状态突然急冷凝固，材料收缩产生拉伸热应力造成的。变质层金相组织和元素含量也会发生变化，使得工件表面的显微硬度显著下降。

为了提高工件的表面质量，目前较常采用平均电压为零的交流脉冲电源，使电解的破坏作用降到最低。此外采用高峰值电流、窄脉宽进行切割时，材料大多为气相抛出，带走大量的热，不使工件表面温度过高，开裂及显微裂纹大为减少。

3. 切割速度

数控快走丝电火花线切割加工的切割速度，一般是指在一定的加工条件下，单位时间内工件被切割的面积，单位为 mm^2/min。一般情况下，加工一个工件的切割速度往往指的是平均切割速度。

$$平均切割速度 = \frac{切割总面积}{切割总时间} = \frac{切割长度 \times 工件厚度}{切割总时间}$$

为了评价数控电火花线切割加工机床脉冲电源的性能，往往用最大切割速度作为衡量的指标之一。最大切割速度是指在不计切割方向，不考虑切割精度、表面质量和电极丝损耗等情况下，在单位时间内机床切割工件第一遍时可达到的最大切割面积，单位也是 mm^2/min。

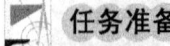

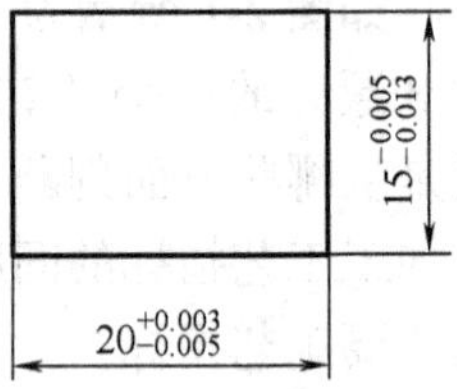

图 2-2　零件

任务准备

电火花线切割机床（处于正常加工状态），千分尺，100mm×60mm×10mm 钢板一块，零件（见图 2-2）。

任务实施

1) 检查机床工作状态。
2) 将工件安装在机床工作台上。
3) 在实习教师指导下，利用自动编程（或 3B 手工编程）编制零件程序。编程时，其尺寸应取中值，即长度取 19.999mm，宽度取 14.991mm。
4) 根据机床数量，学生分成若干组。每组同学分别使用一组电参数进行加工，记下加工用时。

5）加工结束，测量零件尺寸。有条件的情况下可以进行喷砂处理，测量表面粗糙度值，计算平均切割速度。

6）将结果汇总在实习卡片上。

组别	电加工参数			加工尺寸		表面粗糙度值	平均切割速度 /(mm²/min)
	脉冲宽度 /μs	脉冲间隔 /μs	峰值电流 /A	长/mm	宽/mm		
第一组							
第二组							
第三组							

检查评议

对本次任务的检查评议主要包括如下几个方面：

1）工件的合理装夹。本例中图样的尺寸要求较高，为保证工件水平，应用百分表校正工件水平，然后再夹紧。

2）穿孔点的选择。为避免从外面切入产生的应力变形，可事先在工件上钻取穿丝孔。

3）准确记录、测量、计算、填写相关数据。根据汇总的实验结果，分析电加工参数对工艺指标的影响。

问题及防治

本次任务的主要目的在通过实验，加深对电火花线切割加工工艺指标的理解。在实施任务前，应仔细观察老师的演示再进行操作；同时老师应该对装夹校正、如何选择穿孔点等难点作必要的讲解。

扩展知识

电火花线切割加工流程

上面对电火花线切割加工的工艺指标做了讲解，具体加工中，电火花线切割还应遵循一定的工艺流程。一般来说，大致可以划分为以下几个步骤：

1. 图样审核与技术分析

在制造零件前，对图样进行分析和审核，根据零件特点、加工要求来确定合理的加工工艺，是保证零件加工质量的第一步。在考虑选用电火花线切割加工时，应根据现有加工设备的情况，考虑这种工艺方法的可行性，如下列情况就不能实现加工。

1）窄缝小于电极丝直径加放电间隙的工件。

2）图形内角不允许有 R 角或者内角要求 R 角比电极丝直径要小的工件。

3）非导电材料的工件。

4）厚度超过丝架跨距的工件。

5）加工长度超过机床 X、Y 拖板的有效行程长度，且精度要求较高的工件。

在符合电火花线切割加工工艺的条件下，应根据零件的加工要求（如表面质量、尺寸精度要求），决定选用数控高速走丝电火花线切割机床还是数控低速走丝电火花线切割机床来进行加工。对于尺寸精度要求很高、表面粗糙度值要求很小的零件，应采用数控低速走丝电火花线切割机床来完成。

2. 加工前的预备工作

（1）合理选择工件材料　为了减少电火花线切割加工造成的工件变形，应选择可锻性好、渗透性好、热处理变形小的材料，工件材料应按技术要求进行规范的热处理。

（2）加工穿丝孔　封闭型孔和一些凸模的加工，需要在电火花线切割之前加工出穿丝孔。穿丝孔的位置应符合编程时指定的加工起点。可用铣床、钻床等机床来钻削加工穿丝孔，对于孔径小或者硬度大的工件，采用电火花穿孔机来加工穿丝孔，其加工效率甚至高于钻削加工，被广泛采用。

（3）选择电极丝的种类　数控高速走丝电火花线切割加工一般采用直径为 $\phi0.18\mathrm{mm}$ 的钼丝作为电极丝；数控低速走丝电火花线切割加工的电极丝一般采用黄铜丝，另外还有镀锌丝、钢芯丝等，电极丝的直径可根据加工精度要求来选择，尽量选用直径不小于 $0.2\mathrm{mm}$ 的电极丝，以获得较高的切割速度，减少加工中断丝的风险。

（4）工件装夹与校正　根据工件的加工形状、大小选用合适的装夹方式，确定夹持工件的位置。如板类零件、回转体零件、块类零件的装夹方式不同，可选用专用夹具或者自行设计夹具来装夹工件。工件装夹好后要进行校正，一般是检查工件装夹的垂直度、平面度，校正工件基准面与机床的轴向平行度。

（5）穿丝与校丝　将电极丝正确地缠绕在走丝机构的各部位，使电极丝保持一定的张力。选用适用的方式来校正电极丝的垂直度，如利用找正器校丝、火花校丝等。

（6）电极丝的定位　数控电火花线切割加工前，应将电极丝准确定位到切割的起始坐标位置，其调整方法有目测法、火花法、自动找正等。目前的数控电火花线切割加工机床都具有接触感知功能，都具有自动找边、自动找中心等功能，找正精度高，用于电极丝定位非常方便，操作方法因机床而异。

（7）加工编程　数控电火花线切割加工编程是整个工艺环节的重点。机床是根据数控程序来进行加工的，程序的正确与否直接影响到加工形状、加工精度等。

数控电火花线切割加工编程的方法有自动编程和手工编程。实际生产中绝大多数采用自动编程的方法，通过电火花线切割加工自动编程系统来生成加工程序。

3. 加工控制与检验

编程完成后，正式切割前，应对数控程序进行检查与验证，确定其正确性。数控电火花线切割加工机床的数控系统均提供程序验证的方法，常用的方法有：一种是画图检验法，主要用于验证程序中是否存在语法错误及是否符合图样加工轮廓；一种是空行程检验法，可检验程序的实际加工情况，检查加工中是否存在碰撞或干涉现象，以及机床行程是否满足加工要求等，通过模拟动态加工实况，对程序及加工轨迹路线进行全面验证。

对于一些尺寸精度要求高、凸、凹模配合间隙小的冲模，可先用薄板料试切割，检查有无尺寸精度与配合间隙，如发现不符合要求，应及时修正程序，直至验证合格后，方可正式切割加工。加工中可根据加工状态调整电参数和非电参数，使加工保持最佳放电状态。正式切割结束后，不可急于拆下工件，应检查起始坐标与终结坐标是否一致，如发现有问题，应及时采取补救措施。

4. 加工

选择合适的电加工参数，包括脉冲宽度、脉冲间隙、脉冲电压幅值及峰值电流等。这些参数都直接影响到零件的加工效率、精度和表面粗糙度。另外，进给速度的调整也是一个重要内容。进给速度过慢，则加工时间过长，效率低；进给速度太快，超过蚀除速度，则会出现钼丝与工件接触不放的现象，导致钼丝拉弯甚至拉断，无法加工。

任务2　了解电火花线切割机床安全操作规范及维护保养

任务描述

进入电火花实习车间，大家注意到在墙上会挂有《电火花加工安全操作和使用规程》，认真阅读都有哪些具体规定。在机床旁边，你还会发现一本《线切割机床日常点检表》，看一下电火花机床的日常保养都有哪些项目？

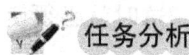任务分析

作为机床操作人员，首先要保证自身安全以及机床的正常运转。因而，每一个操作人员都必须知道机床安全技术规程和使用规则，并严格按照规程操作；同时，在生产的各个环节，也要注意机床的维护、保养，使机床时刻处于最佳工作状态。这样才能保证产品质量、提高生产率、延长机床使用寿命。

相关知识

1. 数控电火花快走丝线切割机床的安全技术规程

电火花线切割机床的安全技术规程可从两方面考虑：一方面是人身安全；另一方面是设备安全。具体有以下几点：

1）操作者必须熟悉线切割机床的操作技术，开机前应按设备润滑要求，对机床有关部位注油润滑（润滑油必须符合机床说明书的要求）。

2）操作者必须熟悉线切割加工工艺，恰当地选取加工参数，按规定操作顺序操作，防止造成断丝等故障。

3）用摇柄操作储丝筒后，应及时将摇柄拔出，防止储丝筒运转时摇柄甩出伤人。装卸电极丝时，注意防止电极丝扎手。换下来的废丝要放在规定的容器内，防止混入电路和走丝系统中造成电器短路、触电和断丝等事故。注意防止因丝筒惯性造成断丝及传动件碰撞，因此在停机时，要在储丝筒刚换向后再尽快按下停止按钮。

4）正式加工工件之前，应确认工件位置已安装正确，防止碰撞线架和因超程撞坏丝杠、螺母等传动部件。对于无超程限位的工作台，要防止超程坠落事故。

5）尽量消除工件的残余应力，防止切割过程中工件爆炸伤人。加工之前应安装防护罩。

6）机床附近不得放置易燃、易爆物品，防止因工作液一时供应不足产生火花放电而引起事故。

7）在检修机床、机床电器、脉冲电源、控制系统时，应注意适当地切断电源，防止触电和损坏电路元件。

8）定期检查机床的保护接地是否可靠，注意各部位是否漏电，尽量采用触电开关。合上加工电源后，不可用手或手持导电工具同时接触脉冲电源的两个输出端（床身与工件），以防触电。

9）禁止用湿手按开关或接触电器部分。防止工作液等导电物进入电器部分，一旦因电器短路造成火灾时，应首先切断电源，立即用四氯化碳等合适的灭火器灭火，不准用水救火。

10）停机时，应先停止高频脉冲电源，然后停止工作液，让电极丝运行一段时间，并等储丝筒反向后再停止走丝。工作结束后，关掉总电源，擦净工作台及夹具，并润滑机床。

11）加工时应特别注意电压表与电流表是否在规定的标准范围内。

12）落料时应防止卡住导轮造成断丝。

13）不允许多人同时操作同一机床。

另外，在日常加工中，经常会遇到使用一般装夹方法而无法加工的工件，这时就必须使用特殊的装夹工具、夹具。

1）对于小型工件，压板无法架设时，可使用正角器或平口钳进行加工。

2）当遇到大斜度类工件无法倾斜加工时，应采用正弦台或斜度垫块辅助倾斜的加工方法进行加工。

3）对于多件加工，可考虑采用正角器或平口钳进行重叠加工。

4）在工具的使用过程中，应保证工具不受到损伤（如为方便装夹而在切割中伤到工具等情况都是不允许的）。

2. 数控电火花快走丝线切割机床的使用规则

数控电火花快走丝线切割机床是技术密集型产品，属于精密加工设备，操作人员在使用机床前必须经过严格的培训，取得操作证后才能上机操作。

为了安全、合理、有效地使用机床，要求操作人员必须遵守以下几项规则。

1）对自用机床的性能、结构有充分的了解，能掌握操作规程和遵守安全生产制度。

2）在机床的允许规格范围内进行加工，不要超重或超行程工作。

3）经常检查机床的电源线、超程开关和换向开关是否安全可靠，不允许带故障工作。

4）按机床操作说明书所规定的润滑部位，定时注入规定的润滑油或润滑脂，以保证机构运转灵活，特别是导轮和轴承，要定时检查和更换。

5）加工前检查工作液箱中的工作液是否足够，水管和喷嘴是否通畅。

6）下班后清理工作区域，擦净机床和附件等。

7）定期检查机床电器设备是否受潮和可靠，并清除尘埃，防止金属物落入。

8）遵守定人定机制度，定期维护保养。

3. 数控电火花快走丝线切割机床的保养方法

数控快走丝线切割机床维护保养的目的是为了保持机床能正常可靠地工作，延长其使用寿命。一般的维护保养方法如下。

(1) 定期润滑　数控快走丝线切割机床上需定期润滑的部位主要有机床导轨、丝杠螺母、传动齿轮、导轮轴承等，一般用油枪注入。轴承和滚珠丝杠有保护套的，可以经半年或一年后拆开注油。

(2) 定期调整　对于丝杠螺母、导轨及电极丝挡块和进电块等，要根据使用时间、间隙大小或沟槽深浅进行调整。部分线切割机床采用锥形开槽式的调节螺母，则需适当拧紧一些。凭经验和手感确定间隙，保持转动灵活。滚动导轨的调整方法为松开工作台一边的导轨固定螺钉，拧调节螺钉，观察百分表指针的变化，使其紧靠另一边。挡丝块和进电块如使用了很长时间，摩擦出沟痕，须转运或移动一下，以改变接触位置。

(3) 定期更换　线切割机床上的导轮、馈电刷（有的为进电块）、挡丝块及导轮轴承等均为易损件，磨损后应及时更换。

4. 机床的润滑

以 DK7732 型数控电火花快走丝线切割机床为例，其可按表 2-1 中的要求进行润滑。

表 2-1　DK7732 型数控电火花快走丝线切割机床润滑表

序号	润滑部位	润滑油脂	涂油方式	每班注油次数	周期	备　注
1	工作台导轨	4#精密机械主轴油	注射		1周	
2	工作台丝杠、齿轮	4#精密机械主轴油	注射		1周	
3	工作台丝杠、轴承	2#低温润滑脂	填封			修理或更换
4	运丝机构导轨	20#机械油	注射	1		
5	运丝机构丝杠	20#机械油	注射			
6	运丝机构交换齿轮	20#机械油	注射	1		
7	运丝机构轴承	轴承润滑脂	填封			修理或更换
8	线架升降丝杠	20#机械油	注射			每次调行程前注一次
9	导轮过渡轮轴承	2#低温润滑脂	填封		2月	每两个月清洗一次填封

任务准备

《线切割机床日常点检表》，润滑油。

任务实施

对实习车间的线切割机床进行点检，完成表 2-2 的填写。

表 2-2 线切割机床日常点检表

车间			设备型号				设备编号			
项 目		日 期								
		1	2	3	4	5	6	7	8	9	10
1	绕丝筒无搭丝										
2	钼丝运动无抖动										
3	进给拖板运动灵活										
4	电器元件无过热										
5	运动部件润滑充分										
6	工作液包裹电极丝										
7	无缺损零件										
检查人				重大问题							

针对点检中存在的问题，在实习教师的指导下进行解决。

 检查评议

检查学生是否认真细致地对所有需要检查的部位进行检查，判断是否准确，及解决问题的方式方法是否正确。

 问题及防治

老师除了要讲解需要保养的地方外，也要讲清楚这样保养对机床、对加工零件的意义。所谓"磨刀不误砍柴工"，只有加强日常保养，才能高效、合格地完成零件的加工。

 扩展知识

维护和保养线切割机床的方法

对于线切割机床除保持整洁和润滑以外，还必须用心维护如下几个部位：

1) 机床的导轨和丝杠。绝不能沾染脏水和污物，一旦沾有脏物，要用干净棉纱揩擦干净后，再用脱脂棉浸10#机油轻擦涂一遍。

2) 导轮和轴承。为延长导轮和轴承的寿命，应把过于污浊的工作液换掉，如短时间不开机床，要在无水的情况下让导轮转几十秒钟，使导轮和导轮套间的脏水甩出来，注入少量机油后再转几十秒钟，使缝隙内的机油和污物甩出来，再注入少量机油，以使导轮和轴承常处于较洁净的状态。

3) 丝筒轴和电动机上的联轴器和键。要使该部位始终处于严密稳妥的配合状态，一旦出现键的松动和联轴器的撞击声，要立即更换联轴器的缓冲垫和键。长时间带间隙的换向，会使轴上的键槽变形张大。

4) 控制柜与线切割机床间的联机电缆。拖地部分要有盖板或塑料板保护，不可随意踩踏，电缆要处于松弛自由状态，不可以外力拉拽，不可使电缆插头受力，不可将电缆波纹护套压裂踩扁。

5) 控制台（柜）搬动时要轻拿轻放，油污的手不要插拔触摸接插件或键盘。

6）床面上的任何部位均不得敲砸或碰撞。特别是不可因超行程运动而使丝架与床面干涉，那将严重损毁机床零件或影响精度。

7）要注意经常使导电块处于良好的导电状态和与床身间的绝缘状态，工作台上的垫条必须与床身绝缘，步进电动机的拖线要处于自如状态，步进电动机确保无脏水入侵。

思考与练习

一、填空题

1. 数控电火花线切割加工的主要工艺指标有_____、_____和_____。
2. 电火花线切割机床的安全操作技术规程，既包括机床设备安全，还包括_____。
3. 线切割机床一般的保养方法包括_____、_____和_____。

二、简答题

1. 简述电火花线切割工艺指标的主要内容。
2. 电火花线切割加工中，表面变质层是怎样产生的？如何将其不利影响降低到最低状态？

三、操作题

1. 在实习指导老师的帮助下，完成简单零件的线切割加工并做好记录，检验主要工艺指标。
2. 根据《线切割机床日常点检表》，对线切割机床进行一次日常保养。

单元3 线切割机床电极丝的安装

知识目标

♪ 认识快走丝电火花线切割机床的走丝系统

技能目标

♪ 掌握储丝筒上丝方法
♪ 掌握穿丝及紧丝方法
♪ 能够设定储丝筒换向行程
♪ 能够校正电极丝的垂直度

任务1 储丝筒上丝

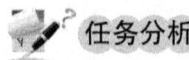 任务描述

如图3-1所示为线切割机床走丝系统。此时,电极丝已经绕在丝筒上。如果在线切割加工之前,储丝筒尚未上丝,首先应进行上丝操作。所谓上丝,是把丝盘上的丝按照一定方式紧密绕卷在储丝筒上的过程。

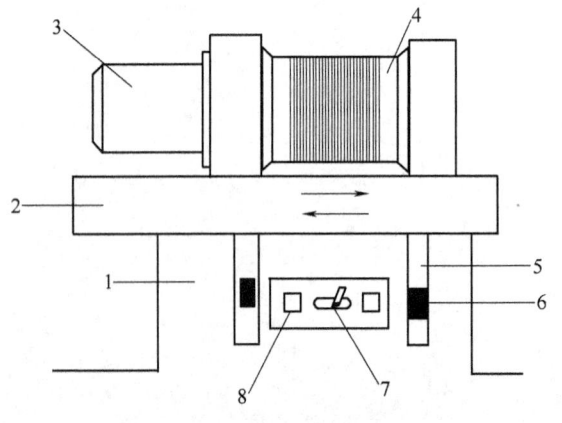

图3-1 线切割机床走丝系统
1—床身 2—拖板 3—电动机
4—丝筒 5—挡杆 6—磁铁
7—限位开关 8—接近开关

任务分析

上丝是加工前的准备工作,也是穿丝的基础。实际加工中,由于加工断丝或者更换不同规格的电极丝等原因,需要给丝筒重新上丝。本任务涉及的知识点比较简单,关键在于如何合理选择绕丝起点以及保证绕丝紧密均匀两个方面。

 相关知识

1. 丝盘和储丝筒

买回来的电极丝都是装在丝盘上的，如图3-2所示。丝盘上面有电极丝材料、规格、长度、执行标准等信息。在选用时，应注意电极丝材料是否符合待切削工件材质。记下电极丝的直径，方便后续编程时设定间隙补偿量。如图3-3所示为储丝筒，它是加工时丝的载体。储丝筒左边有电动机，加工时带动丝筒旋转；右边配有手柄，可以在上丝和穿丝时手动控制丝筒旋转。但注意穿好丝后一定将手柄拔出，否则易甩出而发生事故。

图3-2 丝盘

图3-3 储丝筒

2. 上丝

从丝筒的左边或右边都可以上丝。如图3-4所示为上丝示意图。以从左边上丝为例，在上丝前，用手动或机动的方式（注意机动上丝应选择低速挡）将丝筒移动到上丝的起始位置，将电极丝在丝盘上的自由端经导轮固定在储丝筒的紧固螺钉上。然后，用手柄匀速转动丝筒做顺时针旋转，绕丝到丝筒右边合适位置即可。

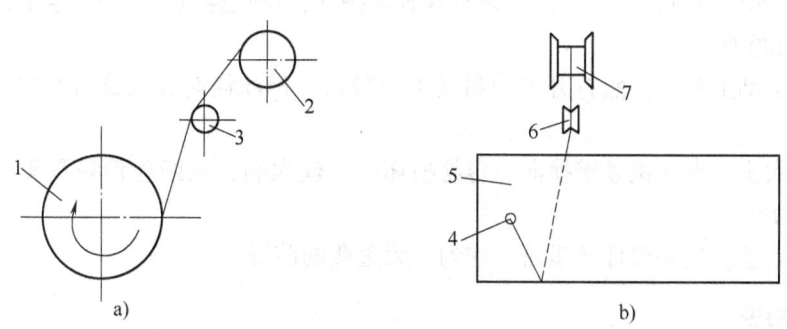

图3-4 上丝示意图
1、5—储丝筒 2、7—丝盘 3、6—导轮 4—紧固螺钉

任务准备

丝盘，手柄，螺钉旋具。

任务实施

1）将装有电极丝的丝盘固定在上丝装置的转轴上。

2）手动或机动旋转丝筒，使丝筒移动到预备上丝的起始点。注意，所谓的这个上丝起始点，实际上并不是固定的某个位置，而是丝盘——导轮中心线在丝筒上的投影（如图3-4b所示）。

3）将丝的自由端经导轮拉出，固定在丝筒上的紧固螺钉上。用手柄顺时针方向均匀摇动丝筒，即可实现上丝。注意在摇动时保持匀速，以免叠丝。

4）当电极丝在丝筒上大致对称分布时，即可停止上丝。绕完丝后，剪断电极丝，即可开始穿丝。

检查评议

对任务的完成情况，可从三个方面进行评分：

项　　目	检查内容	配　分
上丝起始点	上丝的起始点与紧固螺钉的距离合适（一般为2~5cm），上丝结束时，应保证丝在丝筒上大致居中对称	20分
有无叠丝	可以用手摸，如果平滑一致，则一般没有叠丝。否则，极可能叠丝，造成下步穿丝不便。其原因主要是上丝速度不均所致	60分
是否均匀、紧密	丝在丝筒上应尽可能绕得紧密、均匀	20分

问题及防治

上丝操作比较简单，只要学生注意观察教师操作，记住要点，一般不会有问题。上丝时需要注意的问题如下：

1）最好手动上丝。虽然打开丝筒机动上丝较快，但丝筒转速太高（1400r/min），不易控制。

2）上丝太少，电动机频繁换向，容易损坏；上丝太满，则断丝浪费严重。一般丝筒两端各留5cm为宜。

3）匀速上丝。这是保证丝紧密、均匀、无重叠的前提。

扩展知识

上面我们给出的仅是一类线切割机床的上丝方法。不同的线切割机床，其各个构件所在的位置可能不尽相同。例如，有的丝盘转轴是在丝筒下方，有的还有紧丝机构等，但原理和操作都大体相同。在操作时，注意研读机床说明书，观察结构，再有针对性地操作。

任务2　穿　　丝

任务描述

如图3-5所示为汉川HCKX250型电火花线切割机床的丝架系统（大部分），在上丝完成之后，即可进行穿丝。所谓穿丝，是把电极丝从丝筒上引出，按规定路径，经若干导轮、导电块，将丝头拉紧，返回储丝筒，并在丝筒上用紧固螺钉固定的全过程。

任务分析

本任务主要涉及线切割机床走丝系统的组成、如何紧丝、如何调节行程开关等知识点。由于在穿丝的过程中涉及诸多导轮、若干导电块以及断丝保护装置，穿丝一定要小心仔细。在穿丝完成后，检查确保电极丝在导轮槽内，与导电块等接触良好；丝的张紧度适中；控制丝筒移动行程的换向块在合适位置。否则，一旦开机动丝，无论哪个环节有问题，都极可能导致断丝。

图 3-5　汉川 HCKX250 型
电火花线切割机床
的丝架系统

相关知识

1. 走丝系统的分类

走丝系统根据有无自动紧丝装置，可以分为以下两类：

（1）带自动张丝装置的走丝系统　如图 3-6 所示为汉川机床厂生产的 HCKX250 型快走丝电火花线切割机床的走丝系统示意图。

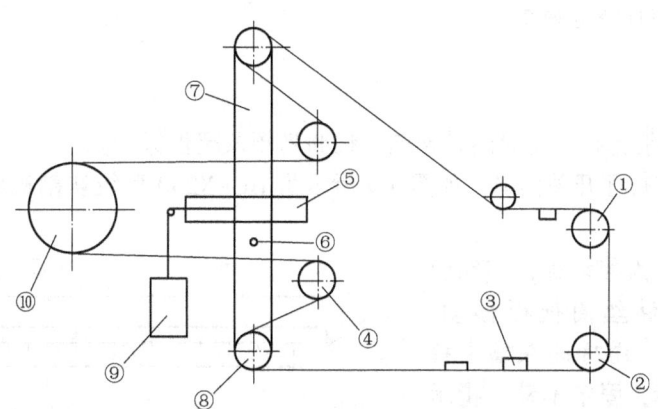

图 3-6　HCKX250 型快走丝电火花线切割机床的走丝系统

其中，"①"为上导轮，它可以做左右（U 轴）及前后（V 轴）运动，以便于进行锥度的切割，并可随丝架高度的调整而上下移动；"②"为下导轮，其位置通常不能改变；"③"为进电块，有两个，上下各一个，电极丝与它们都要有良好接触，否则在断丝保护开关处于保护位置时，系统报警，不能完成加工；"④"为两个副导轮，它们控制电极丝在储丝筒上的正常缠绕；"⑤"为滑轨，张丝滑块可以在其上滑动，并对张丝滑块起到导向作用；"⑥"为张丝滑块的插销孔；"⑦"为张丝滑块；"⑧"为张紧轮，安装在张丝滑块上；"⑨"为张丝重锤，可通过拉紧张丝滑块及张紧轮起到自动张丝作用；"⑩"为储丝筒，可做正反向旋转，使电极丝能持续反复加工。

（2）无自动张丝装置的走丝系统　如图 3-7 所示为江苏冬庆机床厂生产的 DK7732 型快

走丝电火花线切割机床走丝系统图，其结构相对于 HCKX250 型线切割机床走丝系统的结构而言要简单得多。

其中，"①"为上导轮，它可以做左右（U 轴）及前后（V 轴）运动，以便于进行锥度的切割，并可随丝架高度的调整而上下移动；"②"为下导轮，其位置通常不能改变；"③"为进电块，上下各一个；"④"为断丝保护块，加工中发生断丝时，可以使机床自动停止运行；"⑤"为挡丝器，与副导轮一起控制电极丝在储丝筒上的正常缠绕，通常丝应靠在挡丝器内侧；"⑥"为储丝筒；"⑦"为副导轮。

此机床因没有自动张丝装置，在穿丝时通过张紧轮（见图 3-8）手工张紧，电极丝的张紧度需要根据经验来判断是否合适。

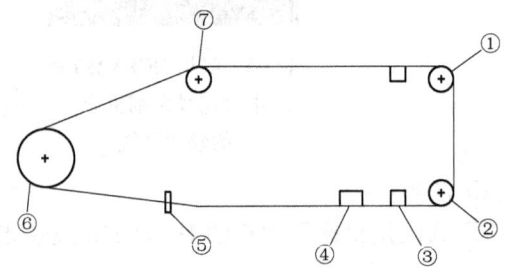

图 3-7　DK7732 型快走丝电火花线切割机床的走丝系统

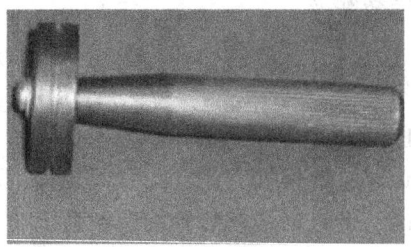

图 3-8　手动紧丝轮

2. 换向装置

换向装置的功能包括储丝筒运转换向、切断高频及超程保险。

（1）电磁感应行程开关换向　如图 3-9 所示为 HCKX250 型线切割机床的换向行程开关示意图。

其中，"①"为移动板，与储丝筒拖板连接，随储丝筒拖板移动；"②"为游标导槽，游标能在槽中移动；"③"为游标，固定不动，指示拖板移动的相对距离；"④"为标尺，随拖板移动；"⑤"为移动感应器导槽，左右各一个；"⑥"为右移动感应器，随拖板移动；"⑦"为固定感应器（圆形），位置固定不变，左右

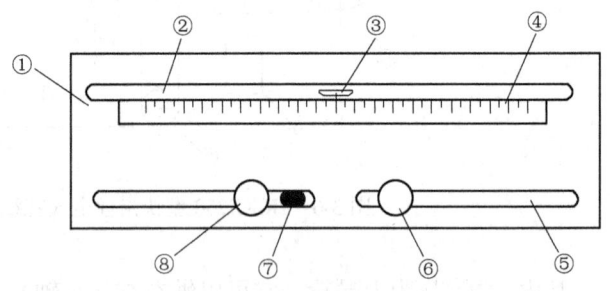

图 3-9　HCKX250 型线切割机床的换向行程开关

各一个；"⑧"为左移动感应器，随拖板移动。左右移动感应器在导槽中可调整位置，以适应不同的绕丝长度和绕丝位置，在每次穿好丝后应注意调整其位置，并旋紧在移动板上。

储丝筒顺时针旋转，拖板向左移动，当右移动感应器与固定感应器的空间位置出现重叠时，电磁感应触发电动机反向开关，电源柜高频信号被切断，储丝筒逆时针旋转，拖板向右移动，感应器位置错开后，高频信号重新开启；当左移动感应器与固定感应器的空间位置出现重叠时，电磁感应触发电动机反向开关，电源柜高频被切断，储丝筒顺时针旋转，拖板向

左移动，感应器位置错开后，高频信号重新开启，如此反复进行。

丝筒换向时，电极丝有一小段时间是静止的，如果不切断高频信号，电极丝容易被熔断。

（2）机械撞块行程开关换向　如图 3-10 所示为 DK7732 型线切割机床的换向行程开关示意图。

其中，"①"为移动板；"②"为导槽，左右各一个；"③"为悬伸臂，行程撞块安装在悬伸臂上，其由螺母锁紧在导槽中，并可根据丝筒的绕丝情况调整位置，左右各一个；"④"为右行程撞块；"⑤"为右超程保险撞块；"⑥"为左、右超程保险开关；"⑦"为左换向行程开关；"⑧"为右换向行程开关；"⑨"为左行程撞块；"⑩"为左超程保险撞块。

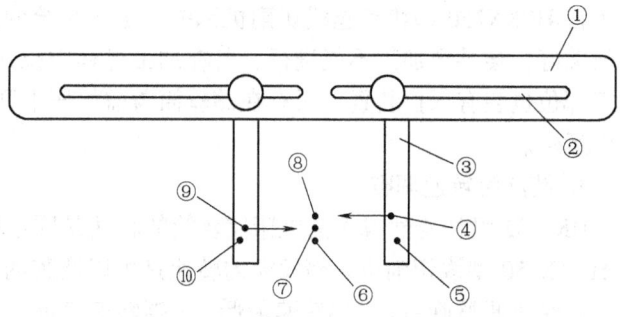

图 3-10　DK7732 型线切割机床的换向行程开关

其换向工作原理与 HCKX250 型线切割机床的换向工作原理基本相同，只不过 DK7732 型线切割机床的换向是由撞块压下行程开关来完成。

要注意调整好④、⑤、⑨、⑩四个撞块的伸出长度，保证能正常触发相应行程开关，否则易引发超程断丝。

3. 断丝保护装置

数控电火花线切割机床一般都设有断丝保护装置，当电极丝断丝后，机床立即自动停止所有动作，以避免造成伤害及保证加工的连续性（即可以穿好丝后从断丝位置继续进行后续加工）。

（1）快走丝线切割机床的断丝保护开关　如图 3-11 所示为 HCKX250 型线切割机床的断丝保护开关，当开关处在断丝保护位置时，才能起到断丝保护的作用，图 3-11 所示开关处在断丝保护位置。如图 3-12 所示为 DK7732 型线切割机床的断丝保护开关，图 3-12 所示开关处在断丝保护位置。

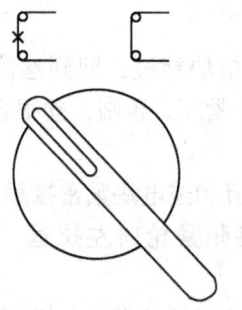

图 3-11　HCKX250 型线切割机床的断丝保护开关

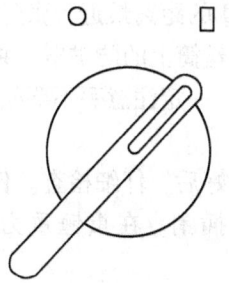

图 3-12　DK7732 型线切割机床的断丝保护开关

（2）断丝保护原理　断丝保护块一般都在下丝架进电块的一侧，其形状与进电块相似。

当断丝保护开关处在保护位置时，由于电极丝太松、断丝及其他原因而没与断丝保护块或进电块有良好接触时，系统自动停止加工；而当开关处在不保护位置时，如果出现上述情况，机床不会自动停止运转和移动，可能会造成加工件的报废及断丝等情况的发生。

在HCKX250型快走丝线切割机床中，走丝系统的上、下两个门装有触发式开关，如果门没关好，会导致加工不能进行，若在加工过程中拉开门，加工也会自动停止。另外，其储丝筒部位也装有保护装置，只有在储丝筒盖盖好压下开关和丝筒摇把取下的情况下，储丝筒才能运转。

4. 储丝筒转速调整

DK7732型快走丝线切割机床储丝筒的转速是固定的，不能调整。但HCKX250型线切割机床储丝筒的转速是可以调整的，如图3-13所示为其转速调整旋钮。1挡转速最低，5挡转速最高，图3-13所示为2挡。1、2两挡一般在穿丝时使用，速度慢，容易控制，其中1挡也用于储丝筒上新丝；其余各挡为加工用挡位，可根据电极丝和加工的实际情况调整储丝筒转速。

图3-13　转速调整旋钮

任务准备

准备螺钉旋具、手动紧丝轮、插销。其中，手动紧丝轮在走丝系统没有自动张丝装置时（如DK7732型线切割机床），用于手工紧丝。对于有自动张丝装置的机床（如HCKX250型线切割机床），因配有紧丝重锤，无需手工紧丝。插销则仅在自动张丝装置上使用，具体使用方法在任务实施中进行介绍。

任务实施

因为有、无自动张丝装置的机床走丝系统的结构有些区别，其张丝原理也不一样，故应指导学生完成两类机床的穿丝。

1. 带自动张丝装置（以HCKX250型线切割机床为例）

1）打开立柱侧面防护门，即为走丝机构。将圆柱插销穿过固定插销孔⑥（见图3-6），拉动张丝滑块⑦移动至机床靠右边的一个圆孔固定。此时，张紧滑块处于最小行程，张紧轮⑧与副导轮④的距离最近，张丝重锤⑨没有紧丝。

2）取下丝筒上的防护罩，将电极丝丝头，经导轮、进电块穿过，回到丝筒固定。在拉丝的过程中，一定注意手不要松，始终保持电极丝有一定张紧度。否则，丝很容易从导轮槽内滑出。

3）丝穿好后，仔细检查。保证电极丝都在导轮槽内，且和进电块紧密接触。

4）拔出插销。在重锤重力作用下，张丝滑块⑦会将张紧轮向左拉远，实现自动紧丝。

5）用手柄摇动储丝筒移至行程开关之间，并可以用自动（低速挡，如图3-13中的1、2挡）或手动，进一步确定行程开关位置。一般而言，保证在换向时，以两端各有0.5cm左右电极丝为宜。

6）装好丝筒防护罩，关好侧门，取下手柄，调到加工挡（如图3-13中的3、4、5挡）。不断丝，没有异常声音，即可判断丝已穿好。

注意：使用机动运丝时，手柄一定要从丝筒取下。

2. 需要手动张紧（以DK7732型线切割机床为例）

由于没有自动紧丝部分，其走丝系统结构更简单。按照图3-7所示，依次将丝穿过挡丝器（丝应在其内侧）、导轮、进电块，再回到丝筒固定。此时，丝虽然穿好了，但太松，必须紧丝。应将丝筒摇到最左端，利用手动紧丝轮将丝张紧，如图3-14所示，再将丝摇到最后。把丝解开，重新固定到螺钉上，剪断多余的丝即完成了手工紧丝。最后把丝摇到行程内，开启自动运丝即可。

图3-14 手动紧丝

 检查评议

对任务的完成情况，可从三个方面进行评分：

项 目	检查内容	配 分
丝的路径	丝必须按顺序经过特定机构且应在导轮槽内。特别是有自动张紧装置的走丝系统导轮很多，一定要注意顺序	50分
丝的张紧	有自动紧丝装置的，一定注意在穿完丝后拔出插销；没有自动紧丝的，注意必须要用张紧轮紧丝	25分
换向行程	调整时要小心，可以手动摇丝确定	25分

 问题及防治

穿丝是一个熟能生巧的动作。开始穿丝时，可能时间会很长，而且丝总是和你"作对"，不是卡住了拉不动，就是一不小心，又从导轮里滑出来。要避免这些情况的发生，主要是在穿丝时始终都要使丝保持一定紧度，不可拉得太快。穿丝的过程也比较脏，同学们应克服怕脏的思想。最后，一定要注意安全，开机走丝前，确保手柄取下，防护罩、防护门关好。记住以上几点，再勤加练习，穿丝也就变得很容易了。

任务3 校正电极丝的垂直度

任务描述

在穿丝完成后，由于上、下导轮的安装精度或者长时间加工导致导轮磨损等原因，电极丝并不总是处于竖直状态，而可能存在一定的锥度（见图3-15）。为了保证加工精度，必须校正电极丝的垂直度。

任务分析

要使电极丝垂直，实际上要将上、下两个导轮中心调整在一条铅垂线上。实际生产中的线切割机床，在上导轮上方分别安装有一个控制上导轮 X 轴方向移动的电动机和一个控制其 Y 轴方向移动的电动机。通过调节上导轮相对下导轮的运动，来实现上、下导轮在一条铅垂线上。本任务关键在于判断电动机的调整方向以及如何判定达到了调整要求。

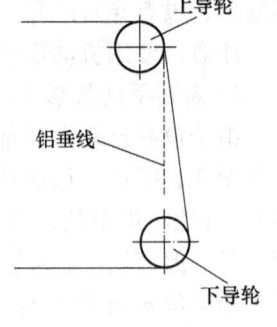

图 3-15　电极丝不垂直

 相关知识

电极丝的找正通常有两种方法，一种是使用专用校正器找正；一种是火花找正。

（1）校正器找正　使用校正器对电极丝进行找正，应在不放电、不走丝的情况下进行。如图 3-16 所示为校正器，该方法的具体操作为：

1）擦干净校正器底面、测试面及工作台面。把校正器放置于台面与桥式夹具的刃口上，使测量头探出工件夹具，且 a、b 面分别与 X、Y 轴平行。

2）把校正器连线上的鳄鱼夹夹在导电块固定螺钉头上。

3）移动工作台，使电极丝接触测量头，看指示灯。如果是 X 方向的上面灯亮，则调整 U 轴电动机正向移动，即往 U 轴正向调整电极丝，反之亦然，直至两个指示灯同时亮，说明电极丝在 X 轴方向已垂直。Y 方向（V 轴调整电极丝）的找正方法与上面相同。为精确校正，可反复调整，直至两显示灯同时闪烁。

4）找正后把 U、V 轴坐标清零。

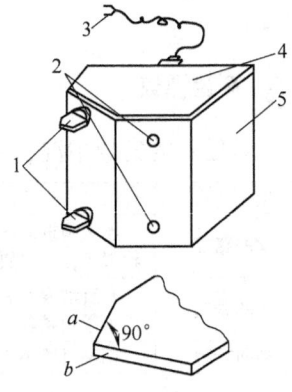

图 3-16　校正器
1—测量头　2—显示灯
3—鳄鱼夹及插头座
4—盖板　5—支座

（2）火花找正　利用简易工具（规则的六面体或圆柱体、火花找正块，见图 3-17），或直接以工件的工作台（或放置其上的夹具工作台）为校正基准，开启机床，使电极丝空运行放电，通过移动机床的 X 轴或 Y 轴，使电极丝与工件接触来碰火花，目测电极丝与工具表面的火花上下是否一致。X 轴方向的垂直度通过移动 U 轴来调整，Y 轴方向的垂直度通过移动 V 轴来调整，直至火花上、下一致为止，如图 3-18 所示。调整过程中，为避免电极丝断丝和蚀伤接触表面，通常使用最小的放电能量。

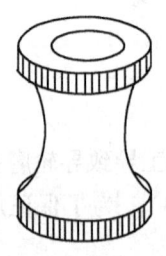

图 3-17　火花找正块

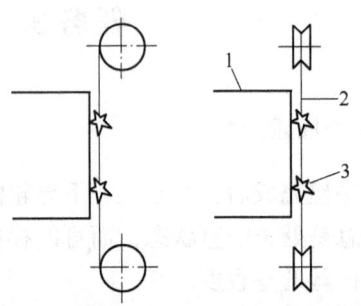

图 3-18　火花校正调整电极丝的垂直度
1—工具或工件　2—电极丝　3—火花

单元 3 线切割机床电极丝的安装

任务准备

冬庆 DK7732 型线切割机床和汉川 HCKX250 型线切割机床（机床都处于正常状态）。

任务实施

下面以实际生产中常用的火花找正块来实施电极丝垂直度的校正。具体以 DK7732 线切割机床和 HCKX250 型线切割机床为例进行介绍：

1. DK7732 型线切割机床找正

该线切割机床的找正是通过手工摇动工作台 X、Y 方向上的手柄实现工作台移动的。操作时应缓慢、均匀，注意观察电极丝、找正块的相对位置。

1）将火花找正块底面擦干净，置于干净的支撑架上。

2）通过工作台 X、Y 轴手柄移动工作台，靠近找正块。

3）开启电极丝空运行，选择最小电流管数（1个）。

4）缓慢移动工作台 X 轴，使电极丝靠近找正块。在几乎接触时，会看到丝上有火花冒出。观察上、下火花是否均匀，若不均匀，用手旋转上导轮右上方的 U 轴电动机转轴，直到火花均匀为止（见图 3-19）。

5）移开电极丝，用同样的方法，再将工作台 Y 轴缓慢移动到找正块的另一面。观察火花，调整上导轮正上方的 V 轴电动机转轴，直到火花均匀为止（见图 3-20）。

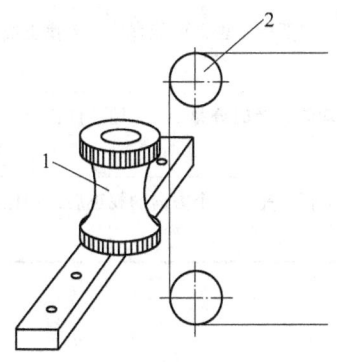

图 3-19 电极丝在 X 轴
方向垂直度的火花找正
1—找正块 2—上导轮

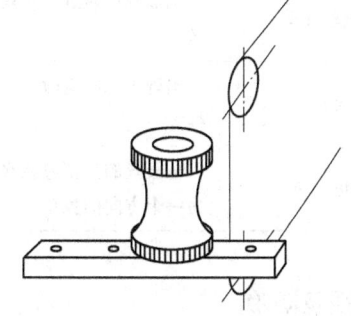

图 3-20 电极丝在 Y 轴方向
垂直度的火花找正

2. HCKX250 型线切割机床找正

该机床的找正在原理上和 DK7732 型线切割机床一样，但在具体操作上，该机床是用线切割手控盒（见图 3-21）来控制工作台的，通过手控盒上的按钮，可以实现机床 X、Y 方向移动。其 U、V 向电动机也是通过手控盒来控制的。在机床数控系统中，还设有专门的找正模块（见图 3-22），找正时只需设定相应参数即可方便实现自动找正。

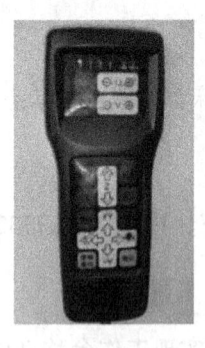 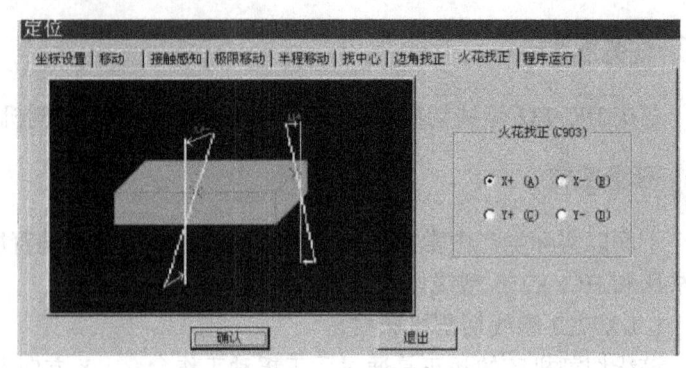

图 3-21 线切割手控盒　　　　　　　　图 3-22 火花找正

检查评议

本任务应在教师指导下进行。教师先演示、示范，讲清每一步的注意事项，然后再指导学生操作。具体可从以下几个方面进行检查：

项　目	检　查　内　容
选择找正块	最好选用标配的找正块。如果没有标配的，可选用底面和侧面垂直度较好的方块体或圆柱体
找正块放置	首先要擦拭干净找正块和机床工作台接触面，然后将找正块平稳放置在适当位置
脉冲参数	找正时应选择最小的脉冲放电能量，以免蚀伤找正块
电极丝移动	电极丝快靠近找正块时，工作台的移动速度一定要慢，否则可能直接撞上找正块，发生断丝
火花	出现火花放电时，注意观察上、下火花是否均匀，及时调整 U、V 轴，直到上、下火花一样大
找正方向	电极丝的找正应在水平横向和纵向两个方向进行，完成一个方向的找正后，记住还应进行另一个方向的找正

问题及防治

电极丝垂直度的校正，是线切割加工前的预备工作，其直接关系到零件加工质量，特别是手工找正，一定要细心操作，做到心、眼、手的一致。为了便于火花放电，找正块放置时多有悬空，此时确保其平稳、安全；手工调整 U、V 轴向电动机时，注意手不要碰到运转的电极丝。如果始终没有火花，还要考虑接触面是否有油污等。

思考与练习

一、填空题

1. 线切割机床的上丝，是把丝盘上的丝按照一定方式紧密绕卷在_____上的过程。
2. 快走丝线切割机床储丝筒换向有两种方式，分别是_____和_____。

3. 快走丝线切割机床走丝系统根据有无自动紧丝装置，可以分为_____和_____两类。

二、简答题

1. 什么是线切割机床走丝系统的自动紧丝装置？它是如何实现自动紧丝的？
2. 为什么在线切割加工之前，还需要校正电极丝的垂直度？
3. 电极丝找正的方法通常有哪些？简述各自的原理。
4. 利用花火找正电极丝垂直度时，有哪些注意事项？

三、操作题

1. 绘制出实习车间各型号线切割机床走丝系统示意图，然后进行上丝和紧丝。
2. 校正电极丝的垂直度。

单元4　线切割机床的加工准备

知识目标

♪ 掌握工件装夹的一般要求、方法及特点
♪ 掌握工件和电极丝定位的方法

技能目标

♪ 根据工件特点选择合适的装夹方式
♪ 会进行工件或夹具的找正
♪ 掌握电极丝相对工件定位的常见操作方法

任务1　工件的装夹及找正

任务描述

电极丝穿好以后，接下来要做的就是将工件装夹到机床的工作台上，如图4-1所示。本任务要求将工件合理装夹在工作台上，找正工件，并确定电极丝和工件的相对位置。

图4-1　工件的装夹

单元 4　线切割机床的加工准备

 任务分析

　　工件装夹的形式对加工精度有直接影响。电火花线切割加工机床的夹具比较简单，一般可在通用夹具上采用压板螺钉固定工件。为了适应各种形状工件加工的需要，有时还应使用磁性夹具、旋转夹具或专用夹具等。

相关知识

1. 工件装夹的一般要求

1）工件的基准面应清洁、无毛刺，在穿丝孔内及扩孔的台阶处，要清除油污、锈蚀、热处理残留物及氧化皮等。

2）夹具应具有必要的精度，将其稳固地固定在工作台上，拧紧螺钉时用力要均匀。

3）工件装夹的位置应有利于工件找正，并应与机床行程相适应，工作台移动时工件不得与线架相碰。

4）对工件的夹紧力要均匀，不得使工件变形或翘起。

5）加工大批零件时，最好采用专用夹具，以提高生产率。

6）细小、精密、薄壁工件应固定在不易变形的辅助夹具上。

7）不论采用何种装夹方式，工件与工作台基面必须保持绝缘，以免影响正常切割。

2. 常用的装夹方法及特点

（1）悬臂式支撑　工件直接装在台面上或桥式夹具的一个刃口上，如图 4-2 所示。悬臂式支撑通用性强，装夹方便。但由于工件单端压紧，另一端悬空，使得工件不易与工作台平行，所以易出现上仰或倾斜，致使切割表面与工件上下平面不垂直或达不到预定的精度。因此，只有在工件的技术要求不高或悬臂部分较小的情况下才能使用。

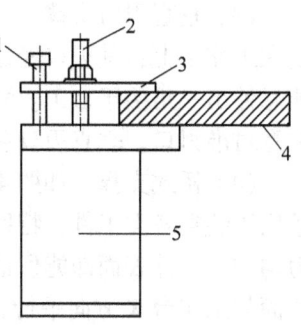

图 4-2　悬臂式支撑
1—调节螺栓或垫块
2—锁紧螺栓　3—压板
4—工件　5—工作台

　　在使用悬臂式支撑方式时，要特别注意压板垫块高度的调整及压板压点的选择，如图 4-3 所示为悬臂支撑方式的不正确装夹。

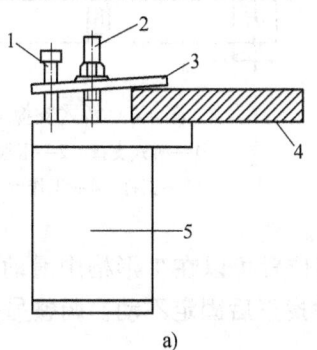 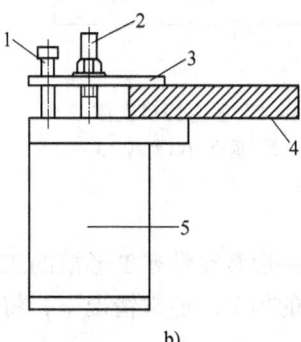

　　　　　　　a)　　　　　　　　　　　　　　　b)

图 4-3　悬臂支撑方式的不正确装夹
a）压板高度比工件厚度低或高　b）压板的压点超过工作台范围
1—调节螺栓或垫块　2—锁紧螺栓　3—压板　4—工件　5—工作台

(2) 两端支撑　工件两端或两侧都固定在工作台上，如图4-4所示。这种方法装夹稳定，平面定位精度高，工件底面与切割面垂直度好，但对装夹位置不允许或较小的零件不适用。

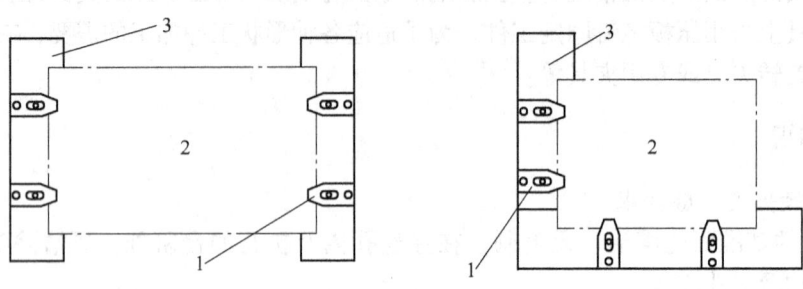

图4-4　两端支撑
1—压板　2—工件　3—工作台

(3) 垂直刃口支撑　工件装在具有垂直刃口的夹具上，如图4-5所示，夹具一般定位固定在工作台上，其刃口经过百分表找正后可以作为工件的定位面。此种方法装夹后，工件也能悬伸出一角便于加工。装夹精度和稳定性较悬臂式支撑好，也便于找正。装夹时，夹紧点注意对准刃口。垂直刃口装夹方式也可以避免因夹位不足造成的工作台限位问题。

(4) 桥式支撑　如图4-6所示，此种装夹方式是快走丝线切割机床最常用的装夹方法，适用于装夹各类工件，特别是方形工件，装夹后稳定可靠。只要工件上、下表面平行，装夹力均匀，工件表面即能保证与台面平行。支撑桥的侧面也可作定位面使用，百分表找正桥的侧面与工作台 X 方向平行，工件如果有较好的定位侧面，与桥的侧面靠紧即可保证工件与 X 方向平行。

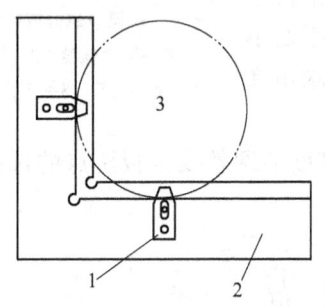

图4-5　垂直刃口支撑
1—压板　2—垂直刃口夹具　3—工件

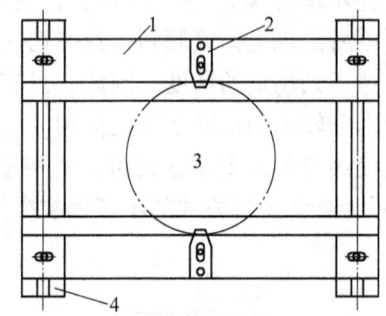

图4-6　桥式支撑
1—桥式支撑　2—压板
3—工件　4—工作台

桥式支撑一般装在带有T形槽的工作台上，其位置可以在T形槽中滑动调整，以适应不同大小工件的加工。通常情况下，将一个支撑桥找正后固定不动，调整另一支撑桥的位置。

(5) 采用V形夹具　此种装夹方式适合于圆形工件的装夹，工件素线要求与端面垂直。如果切割薄壁零件，注意装夹力要小，以防变形。

(6) 采用分度夹具

1) 轴向安装的分度夹具。如小孔机上弹簧夹头的切割，要求沿轴向切两个垂直的窄槽，即可采用专用的轴向安装的分度夹具，如图 4-7 所示。分度夹具安装在工作台上，工件用自定心卡盘夹紧。先在自定心卡盘内装一检验棒，用百分表使其与工作台的 X 或 Y 方向平行，将分度夹具固定。然后安装工件，旋转找正外圆和端面，找中心后切第一个槽，切完后旋转分度夹具旋钮，使工件转动 90°，切割另一个槽。

2) 端面安装的分度夹具。如加工中心上链轮的切割，其外圆尺寸已超过工作台行程，不能一次装夹切割，即可采用分齿加工的方法。如图 4-8 所示，工件安装在分度夹具的端面上，通过心轴定位在夹具的锥孔中，一次加工 2~3 齿，通过连续分度完成一个零件的加工。

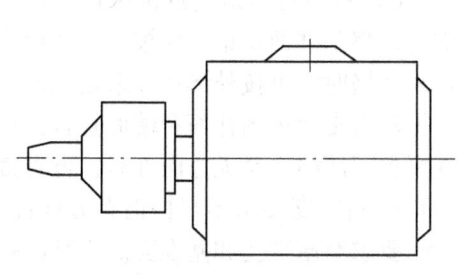

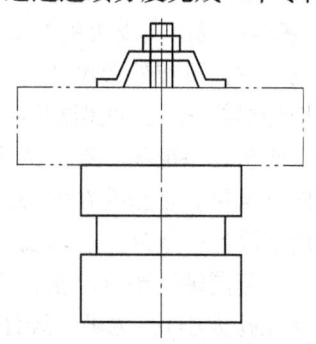

图 4-7 轴向安装的分度夹具　　　　　　　图 4-8 端面安装的分度夹具

(7) 采用板式夹具　加工某些外周已无夹紧位置或夹紧位置很小的工件时，可在底面加一拖板，用胶粘住或用螺栓压紧，使工件与托板连成一体，且保证导电良好，将拖板定位夹紧在工作台或夹具上，加工时连托板一起切割。

(8) 采用磁性夹具　采用磁性工作台或磁性表座夹持工件，不需要压板和螺钉，操作快速方便，定位后不会因压紧力而变动。

3. 工件或夹具的找正

(1) 用百分表找正　如图 4-9 所示，利用磁力表架，将百分表固定在线架或其他"接地"位置上，百分表触头接触在工件基准面上，然后横向或纵向往复移动工作台，根据百分表指示数值相应调整工件，校正应在三个坐标方向上进行。

(2) 划线找正　如图 4-10 所示，将划针固定在线架上，划针指向工件图形的基准线或基准面，横向或纵向移动工作台，根据目测调整工件找正。

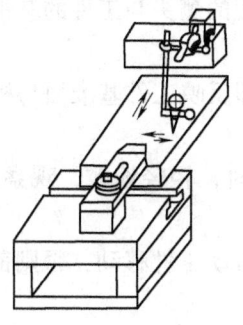

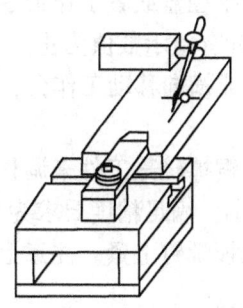

图 4-9 用百分表找正　　　　　　　　　　图 4-10 划线法找正

当线切割加工型腔的位置和其他已成形的型腔位置要求不严格时，可靠紧基面，穿丝可按划线定位。

当同一工件上型孔之间的相互位置要求严格，但与外形要求不严格，又都是只用线切割一道工序加工时，也可按基面靠紧，按划线定位、穿丝，切割一个型孔后卸丝，走一段规定的距离，再穿丝切第二个型孔，如此重复，直至加工完毕。

(3) 按已成形的孔或基准孔找正

1) 按已成形的孔找正。当线切割型孔位置与外形要求不严格，但与工件上其他工艺已成形的型腔位置要求严格时，可按成形的孔找正后再加工。

2) 按基准孔找正。线切割加工工件较大，但切割型孔总的行程未超过机床行程，又要求按外形找正时，可按外形尺寸做出基准孔，线切割时先将基准面找正，再按基准孔定位。

(4) 按外形找正　当线切割型孔位置与外形要求较严格时，可按外形尺寸来定位。此时最少要磨出侧垂直基准面，有的甚至要磨六面。圆形工件通常要求圆柱面和端面垂直，这样用圆柱面即可定位。当型孔在中心且与外形的同轴度要求不严格，又无方向性时，可直接穿丝，然后用钢尺比一下外形，丝在中间即可。若与外形的同轴度要求不严格但有方向性时，可按线找正。若同轴度要求严格，方向性也严格时，则要求磨基准孔和基准面。当基准孔无法磨削时（如孔太小），也可按线仔细找正。按外形找正有两种方法，一种是直接按外形找正，第二种是按工件外形配做胎具，找正胎具外形，工件固定好后即可加工。

任务准备

百分表及磁力表座，80cm×45cm×10cm 的长方形工件，压板、螺栓若干，扳手，铜棒。

任务实施

将上述工件安装在机床工作台支撑架上，并找正工件。其具体操作过程如下：

1) 将工作台支撑架和工件表面擦拭干净。

2) 把工件放置在支撑架上的合适位置，用压板螺钉固定工件（工件还需要找正，此时螺钉不要上紧）。因为工件较小，可采用悬臂式支撑方式。

3) 将百分表的磁性表座固定在上丝架侧门某一个合适位置，保证固定可靠，同时将表架摆放到能方便校正工件的位置。

4) 使用手控盒或者工作台手轮移动相应的轴，使百分表的测头与工件的基准面相接触，直到表的指针有指示数值为止。

5) 纵向或横向移动工作台，观察百分表的读数变化，即反映工件基准面与机床 X、Y 轴的平行度。

6) 使用铜棒轻敲工件来调整平行度，在指针摆动较小时，轻轻地敲，观察指针的摆动范围尽可能小，满足精度要求为止。

7) 将压板螺钉上紧。注意上的时候，用力要匀，避免带动工件移动，否则前功尽弃。

检查评议

对于工件的装夹找正，可以进行如下几个方面的检查：

项　　目	检 查 内 容
支撑方式的选择	根据不同的工件类型以及对加工精度的具体要求，选择合理的支撑方式
工件或夹具的找正	根据工件的形状，加工精度的不同要求，选择合理的找正方式，且在找正的具体操作上应准确、稳重、迅速

问题及防治

在实际操作中，有一些共性的问题容易发生。在此专门列出，请同学们注意：

1）使用压板螺钉时，注意压板垫块高度应和工件厚度大概一致，压点应在支撑面内。

2）在装夹工件的过程中，应一手捏住工件，一手拧紧螺钉，避免工件翻覆，砸断电极丝。

3）百分表倒悬时应注意安装、吸附可靠。

任务2　电极丝相对于工件的定位

任务描述

如图 4-11 所示，需要在 80mm×40mm 的板件上加工一个直径为 30mm 的圆孔型腔，其长度方向的定位尺寸为 25mm、宽度方向的定位尺寸为 20mm。对于该零件，首先应划线钻穿丝孔（图 4-11 中的小圆），再从小孔穿丝，加工 ϕ30mm 型腔。这里有一个问题需要解决：要保证型腔的定位精度，则必须使电极丝起始点精确定位于穿丝孔中心，那么如何实现电极丝对工件的精确定位呢？

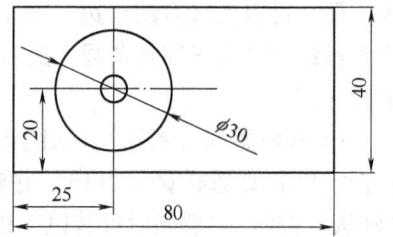

图 4-11　圆孔型腔

任务分析

电极丝定位的目的是为了保证型腔与工件外形或型腔与型腔之间正确的相互位置关系，本质是加工起点的精确定位。单个型腔或外形零件的加工，由于没有相对位置要求，穿丝孔的位置只需要大致合理就可以。但对于有相互位置要求的多个封闭轮廓的加工，加工起始点的定位精度直接影响到整个零件的加工质量，所以必须精确定位。

相关知识

实现数控快走丝电火花线切割加工的定位方法有以下几种：

（1）目测法　对于加工要求较低的工件，确定电极丝与工件有关基准面和基准线的相互位置时，可直接目视或借助 2~4 倍放大镜来进行定位。

1）观测基准面。工件装夹后，观测电极丝与工件基准面的初始接触位置，记下相应的 X 坐标或 Y 坐标，如图 4-12 所示。需要指出的是，此时的坐标并不是电极丝中心和基准面重合的位置，两者相差一个电极丝半径，在确定电极丝起点坐标时要予以加或减。这种方法由于电极丝是否接触到工件并不好观察，因而定位精度很有限。

2）观测基准线。利用钳工操作或镗床等在工件的穿丝孔处划上纵、横方向的十字基准线，观测电极丝与十字基准线的相对位置，如图 4-13 所示。沿 X、Y 向移动工作台，使电极丝中心分别与纵、横向基准线重合，此时的坐标就是电极丝的中心位置。

图 4-12　观察基准面　　　　　　　图 4-13　观察基准线

（2）火花法　火花法和通过目测法观察基准面来进行电极丝定位操作类似，只不过火花法找正通了电流（电流应取最小量）。移动工作台使工件的基准面逐渐靠近电极丝，在出现火花的瞬间，记下工作台的相应坐标值，再根据放电间隙推算电极丝中心的坐标。此法简单易行，但往往因电极丝靠近基准面时产生的放电间隙与正常切割调节下的放电间隙不完全相同而产生误差。

（3）自动找正　目前的数控快走丝线切割机床都具有接触感知功能，用于电极丝定位最为方便。可以实现自动找边、找角、找中心等操作，其找正精度也相对较高。HCKX250 型快走丝线切割机床即具备强大的自动定位功能，下面以此为例对常见的几种电极丝定位方法进行介绍：

1）接触感知（找边）。如图 4-14 所示，为了提高定位速度，可先输入快速移动的距离，根据定位需要选择移动方向，并输入以下变量：感知后反转值和电极丝半径。然后单击"确认"按钮。"感知后反转值"的数值，决定于接触感知后电极丝停止的位置。

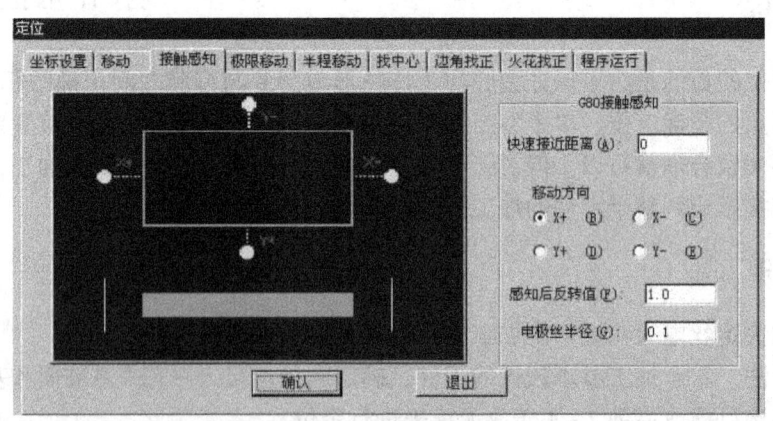

图 4-14　接触感知

2）边角找正。如图 4-15 所示，为了提高定位速度，应先用手控盒将电极丝移动到待找正工件边角的大概位置处，然后根据定位需要选择"象限选择"，并输入以下变量：移动距离、感知后返回距离、电极丝半径,然后单击"确认"按钮,即可进行"边角找正"。其中,"象限选择"的 1、2、3、4 分别对应第一至第四象限工件的各个角。"感知后返回距离"的输入值,决定于角定位后电极丝停止所处的位置,如输入值为零,电极丝将停在工件角上两邻边的交点处。

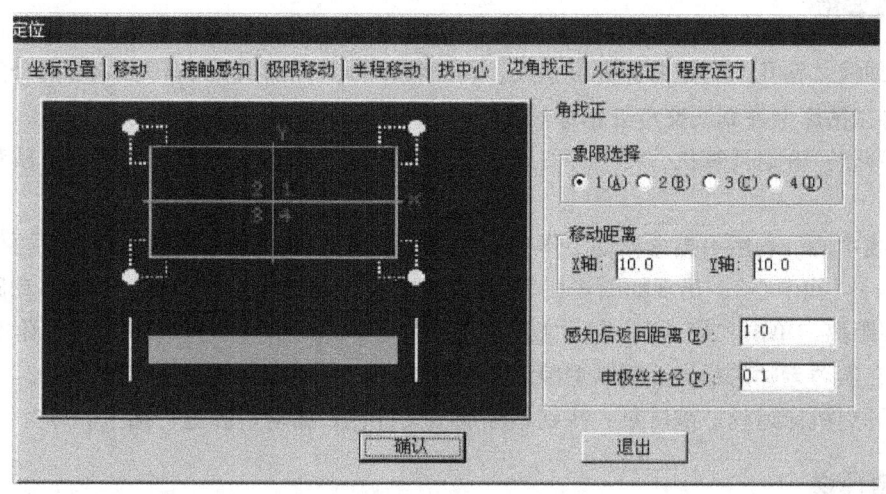

图 4-15 边角找正

3)找中心。为了提高定位速度,应先用手控盒将电极丝移动到待找正工件内孔的大概中心位置处,然后在如图 4-16 所示的对话框中,根据定位需要输入以下变量:X 和 Y 轴的快速移动量、感知后返回距离,然后单击"确认"按钮,即开始执行"孔中心定位",定位完成后,电极丝停止在工件的内孔中心处。

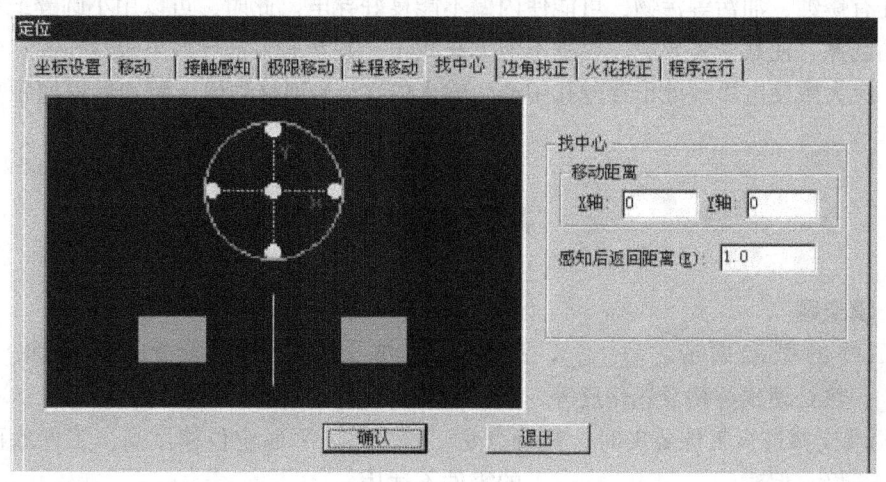

图 4-16 找中心

任务准备

划线平台、游标高度卡尺、钻床、80mm×40mm 板件、线切割机床及常规工具、夹具。

任务实施

1) 划线、钻孔。利用游标高度卡尺，在划线平台上分别以 20mm、25mm 两个定位尺寸划线，再在钻床上在划线交点处钻穿丝孔。

2) 穿丝。开启计算机，将工件安装在线切割机床工作台上，解开电极丝，从穿丝孔穿丝。

3) 找中心。利用手控盒移动工作台，使电极丝大致处于穿丝孔中心位置。再依次单击"定位"→"找中心"，出现如图 4-16 所示"找中心"对话框。输入 X、Y 轴移动距离、感知后返回距离，单击"确认"，即可实现自动找中心。最终，电极丝将停在穿丝孔中心处。

4) 在实习老师的指导下编制型腔加工程序或利用自动编程软件生成程序。

5) 开启机床运丝、液压泵，找到型腔加工文件，开始对型腔进行加工。

检查评议

电极丝的找正需要细心和技巧。操作不当，不仅不能找正，甚至可能发生断丝。因此，在操作时，实习老师应先进行演示，确保学生对过程和原理都有了充分的掌握和理解后再指导学生操作。学生操作时，应请教师确认步骤、输入值等无误后再进行操作。实习结束后，互相点评，总结找正的规律、要点。

 问题及防治

在自动找中心的过程中，有两个问题应特别注意：一是穿丝孔一定要保证导电良好。如果穿丝孔有锈蚀、油污等污物，可能使内壁不能良好导电。此时，可以用小圆锉或锯条对孔内壁稍稍刮擦，使其恢复导电。否则不但无法找正，甚至有可能导致电极丝拉断；二是找正开始前，应大致使电极丝处于穿丝孔中心，输入的 X、Y 轴移动值、感知后返回距离等应合理。

思考与练习

一、填空题

1. 工件的基准面应_____，在穿丝孔内及扩孔的台阶处，要清除_____、_____、热处理残留物及氧化皮等。

2. 两端支撑进行工件装夹时，其特点是_____，平面定位精度高，工件底面与切割面_____好，但对_____的零件不适用。

3. 实现电极丝相对工件定位，其常见方法有_____、_____和_____。

二、简答题
1. 工件的常见装夹方法有哪几种？各有什么特点？
2. 工件或夹具如何进行找正？
3. 简述火花找正和自动找正的原理。

三、操作题
1. 利用百分表对工件进行找正。
2. 分别用目测法、火花法和自动找正等方法，实现电极丝对工件的定位。

单元 5　影响线切割加工工艺指标的因素

知识目标

♪ 了解工作液、电极丝、工件材料与厚度对线切割加工的影响
♪ 了解电加工参数对线切割加工的影响
♪ 掌握在快走丝线切割加工中电加工参数的调整方法

技能目标

♪ 配置加工工作液
♪ 选择合理的电加工参数

任务1　配置线切割工作液

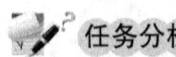

如图5-1a所示的容器内为线切割工作液原液，如图5-1b所示的容器内为适合加工的稀释液。要求根据加工精度要求、工件材料选择合理工作液类型并进行稀释。

任务分析

线切割工作液对加工工艺指标有很大的影响。实际生产中，使用的工作液种类很多，它们都有各自的优缺点。根据工件材料、厚度、加工精度等选择合理的工作液，并进行稀释配置，对保证加工精度、延长电极丝寿命等都有重要意义。

a)　　　　　b)

图5-1　线切割工作液
a) 原液　b) 稀释液

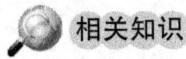

由电火花线切割加工原理可知，如果电极丝和工件之间没有工作液，放电加工就不可能进行，即使存在放电也是有害的电弧放电，或者发生短路现象；而电火花线切割加工的特点

是加工间隙小，工作液只能靠强迫喷入和电极丝的带入来供给，因此工作液对于电火花线切割加工要比电火花成形加工更加重要。

1. 工作液的作用

在电火花线切割加工中，工作液是脉冲放电的介质，对加工工艺指标的影响很大。它对切割速度、表面粗糙度、加工精度也有影响。快走丝电火花线切割机床使用的工作液是专用的乳化液，目前供应的乳化液有多种，各有特点。有的适于精加工，有的适于大厚度切割，也有的是在原来的工作液中添加某些化学成分来提高切割速度或增加防锈能力等。无论哪种工作液都应具有下列性能。

(1) 一定的绝缘性能　火花放电必须在具有一定绝缘性能的液体介质中进行。普通自来水的绝缘性能较差，其电阻率仅为 $10^3 \sim 10^4 \Omega \cdot cm$，加上电压后容易发生电解而不能火花放电。加入矿物油、皂化钾等制成的乳化液，电阻率约为 $10^4 \sim 10^5 \Omega \cdot cm$，适合于电火花线切割加工。煤油的绝缘性能较高，其电阻率大于 $10^6 \Omega \cdot cm$，同样电压之下较难击穿放电，放电间隙偏小，生产率低，只有在特殊精加工时才采用。

工作液的绝缘性能可使击穿后的放电通道压缩，局限在较小的通道半径内火花放电，形成瞬时局部高温熔化、汽化金属。放电结束后又迅速消电离而成为绝缘状态。

(2) 较好的洗涤性能　所谓洗涤性能，是指液体有较小的表面张力，对工件有较大的亲和附着力，能渗透进入窄缝中，且有一定去除油污能力的性能。洗涤性能好的工作液，切割时排屑效果好，切割速度高，切割后表面光亮清洁，割缝中没有油污。洗涤性能不好的工作液则相反，有时切割下来的料芯被油污粘住，不易取下来，切割表面也不易清洗干净。

(3) 较好的冷却性能　在放电过程中，放电点局部瞬时温度极高，尤其是大电流加工时表面更加突出。为防止电极丝烧断和工件表面局部退火，必须充分冷却，要求工作液具有较好的吸热、传热、散热性能。

(4) 对环境无污染，对人体无危害　在加工中不应产生有害气体，不应对操作人员皮肤、呼吸道产生刺激反应，不应锈蚀工件、夹具和机床。

此外，工作液还应配制方便、使用寿命长、乳化充分，冲制后油水不分离，长时间储存也不应有沉淀或变质现象。

2. 工作液的配制和使用方法

(1) 工作液的正确配制

1) 工作液的配制方法。一般按一定比例将自来水冲入乳化油，搅拌后使工作液充分乳化成均匀的乳白色。天冷（在 0℃ 以下）时可先用少量开水冲入拌匀，再加入冷水搅拌。某些工作液要求用蒸馏水配制，最好按生产厂的说明配制。

2) 工作液的配制比例。根据不同的加工工艺指标，一般在 5%～20% 范围内（乳化油为 5%～20%，水为 95%～80%）。一般均按质量比配制。在称量不方便或要求不太严格时，也可大致按体积比配制。

(2) 工作液的使用方法

1) 对加工表面粗糙度和精度要求比较高的工件，浓度也可适当大些，约为 10%～20%，这可使加工表面洁白均匀。加工后的料芯可轻松地从料块中取出，或靠自重落下。

2) 对要求切割速度高的工件或大厚度工件，浓度可适当小些，约为 5%～8%，这样加工比较稳定，且不易断丝。

3）对材料为 Cr12 的工件，工作液用蒸馏水配制，浓度稍小些，这样可减轻工件表面的黑白交叉条纹，使工件表面洁白均匀。

4）新配制的工作液，当加工电流约为 2A 时，其切割速度约为 $40mm^2/min$，若每天工作 8h，使用约 2d 以后效果最好，继续使用 8~10d 后就易断丝，须更换新的工作液。加工时供液一定要充分，且要使工作液包住电极丝，这样才能使工作液顺利进入加工区，达到稳定加工的效果。

3. 对工艺指标的影响

在电火花线切割加工中，可使用的工作液种类很多，有煤油、乳化液、去离子水、蒸馏水、洗涤剂、酒精溶液等，它们对工艺指标的影响各不相同，特别是对加工速度的影响较大。早期采用慢走丝方式、RC 电源时，多采用油类工作液。其他工艺条件相同时，油类工作液的切割速度相差不大，一般为 $20~30mm^2/min$，其中以煤油中加 30% 变压器油为好。醇类工作液不及油类工作液能适应高切割速度。

采用快走丝方式、矩形波脉冲电源时，试验结果表明：

1）自来水、蒸馏水、去离子水等水类工作液，对放电间隙冷却效果较好，特别是在工件较厚的情况下，冷却效果更好。然而采用水类工作液时，切割速度低，易断丝。这是因为水的冷却能力强，电极丝在冷热变化频繁时，丝易变脆，容易断丝。此外，水类工作液洗涤性能差，对放电产物排除不利，故表面黑脏，加工速度低。

2）煤油工作液切割速度低，但不易断丝。因为煤油介电强度高，间隙消耗放电能量多，分配到两极的能量少；同时，相同电压下放电间隙小，排屑困难，导致切割速度低。但煤油受冷热变化影响小，且润滑性能好，电极丝运动磨损小，因此不易断丝。

3）水中加入少量洗涤剂、皂片等，切割速度就可能成倍增长。这是因为水中加入洗涤剂或皂片后，工作液洗涤性能变好，有利于排屑，改善了间隙状态。

4）乳化型工作液比非乳化型工作液的切割速度高。因为乳化液的介电强度比水高，比煤油低，冷却能力比水弱，比煤油好，洗涤性能比水和煤油都好，故切割速度高。

总之，工艺条件相同时，改变工作液的种类或浓度，就会对加工效果发生较大影响。工作液的脏污程度对工艺指标也有较大影响。工作液太脏，会降低加工的工艺指标，纯净的工作液也并非加工效果最好，往往经过一段放电切割加工之后，脏污程度还不大的工作液可得到较好的加工效果。纯净的工作液不易形成放电通道，经过一段时间的放电加工后，工作液中存在一些悬浮的放电产物，这时容易形成放电通道，有较好的加工效果。但工作液太脏时，悬浮的加工屑太多，使间隙消电离变差，且容易发生二次放电，对放电加工不利，这时应及时更换工作液。

任务准备

乳化液，自来水，有刻度的桶。

任务实施

乳化液具体的配比比例并没有一个固定的值，工件材料、加工精度要求、加工效率等都对其浓度有影响。实习中，按常见材料 45 钢、厚度不大于 50mm、一般精度要求，可按 1:10 体积比来配制工作液。具体步骤如下：

单元 5　影响线切割加工工艺指标的因素

（1）确定线切割工作液箱的有效容积　可以查看工作液箱上的铭牌；如果没有，也可以测量箱体的长、宽、深来计算。如测得其值分别为 70cm、30cm、30cm，那么其容积为 63L。

（2）确定乳化液原液的体积　按箱体容积 80% 作为工作容积，则需乳化液为 63L×0.8×（1/11），约为 4.58L。

（3）确定水的体积　水为原液体积的 10 倍，约 45.8L。

（4）配制　用有刻度的桶，量取规定体积的原液，倒入工作液箱内；再量取 10 倍体积的水，倒入箱内，搅拌均匀。

（5）开液压泵 5~10min　实现工作液的充分融合。

检查评议

检查配制工作液时是否按上述步骤进行操作。

问题及防治

在执行该任务时，有以下几点需要注意：

1）如果工作液箱内存有废弃的工作液，倒入指定容器。切勿随意倒掉，否则污染环境；同时，箱内要清洗干净。

2）先要确定箱体最大容积，否则后面的配制具有盲目性。

3）在切割前，要开液压泵，让工作液循环，实现充分融合。

扩展知识

水　基

水基是一种新型的环保型机床切削液，所有指标均优于传统乳化油，是传统乳化油较好的替代品。如图 5-2 所示为某品牌水基，其原液为一种纯透明的液体，按比例兑水后为无色透明的水性溶液，广泛运用于线切割机床、加工中心、磨床、车床、铣床等各类机床的加工。

1. 水基本质

以 100% 水性物质配置，不含矿物油，不含亚硝酸钠，无油性，不油腻，接触原液后，手可直接用水清洗干净。

2. 环境危害

对环境无污染，对人体无危害，使用过程中不产生油污，不发臭，干净清澈，可反复使用，废液可稀释后直接排放。

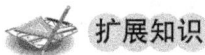

图 5-2　某品牌水基

3. 性能

其分离能力更强，切割效率高，表面粗糙度值更小，电极丝损耗更低。加工过程中不易断丝、短路，加工精度及稳定性更好。大厚度、高光度、高效率三合一水基，通用性更强。

4. 识别

原液用水触摸，手感厚实、稠密。且内含软化剂，可对硬水进行适当的软化。混合液的鉴别应注意配比的混合液不分层，均匀透明。

任务2　了解电极丝对线切割工艺性能的影响

任务描述

如图5-3所示，左边为车削加工示意图，右边为电火花线切割加工示意图。大家知道，车削加工中，车刀的材料、形状、几何参数对车削加工工艺和工件质量有直接影响。那么在电火花加工过程中，电极丝是否同样会对线切割加工工艺以及工件质量有重要影响呢？

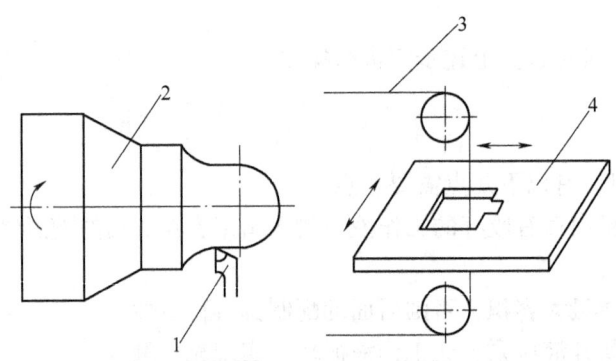

图5-3　车削与电火花线切割加工
1—车刀　2、4—工件　3—电极丝

任务分析

在电火花加工原理的学习中，我们知道电极丝和工件并没有直接接触，它们是通过放电击穿产生瞬时高温来实现加工的。并且电极丝的形状比较单一，似乎对加工工艺影响不大。本任务即是通过对电极丝材料、松紧、运动方式等方面进行试验，研究其可能对加工工艺产生的影响。

相关知识

1. 电极丝的选择

（1）对电极丝材料性能的要求

1）良好的导电性。电极丝应是良好的导电体，单位长度上的电阻越小越好。如果电极丝的导电性不好，消耗在电极丝电阻上的能量就多，这不但使加工电源输送到放电间隙的能量减少，而且消耗在电极丝上的能量使电极丝发热，容易造成断丝。

2）较低的电子逸出功。电极丝材料的电子逸出功低，放电时能够发出大量电子，形成到阳极的强大电子流。

3）耐电腐蚀性强。电极丝在加工中也会被放电腐蚀，即电极丝发生损耗。这会使电极丝变细，强度降低，寿命减少。如果电极丝往复运转使用，还会影响加工精度。通常熔点高和导热性好,将有助于减少电极丝损耗。

4) 抗拉强度大。电极丝在使用时承受一定的张紧力,特别是快速走丝时,电极丝往复运转,受到更大的拉力,因此电极丝应该具有足够大的抗拉强度。此外,弹性极限值亦应较高,经过长期拉伸不易产生永久变形,避免造成松丝和断丝。

5) 丝质均匀、平直。电极丝在放电间隙中必须是直的。为保证这一要求,电极丝不能出现弯折、打结现象。

(2) 电极丝材料的选择 电火花线切割加工使用的电极丝材料有钼丝、钨丝、钨钼丝、黄铜丝、铜钨丝等,其中以钼丝和黄铜丝用得较多。

采用钨丝加工时,可获得较高的加工速度,但放电后丝质变脆,容易断丝,故应用较少,只在慢走丝弱电规准加工中尚有使用。钼丝比钨丝熔点低,抗拉强度低,但韧性好,在频繁的急热急冷变化中,丝质不易变脆,不易断丝。因此,钼丝尽管加工速度比钨丝低,却仍被广泛采用。钨钼丝(钨、钼各50%的合金)加工效果比前两种都好,它具有钨钼两者的特性,因此使用寿命和加工速度都比钼丝高。铜钨丝有较好的加工效果,但抗拉强度差些,价格比较昂贵,来源较少,故应用较少。采用黄铜丝加工时,加工速度较高,加工稳定性好,但抗拉强度低,损耗大。一般采用直径为$\phi 0.1mm$以上的黄铜丝,特别是在大型线切割加工设备中,采用直径为$\phi 0.3mm$左右的粗黄铜丝时加工效果较好。表5-1所列是常用电极丝材料的性能。

表5-1 常用电极丝材料的性能

材料	适用温度/℃		延伸率(%)	抗张力/MPa	熔点/℃	电阻率/$\Omega \cdot cm$	备 注
	长期	短期					
钨 W	2000	2500	0	1200~1400	3400	0.0612	较脆
钼 Mo	2000	2300	30	2600	2600	0.0472	较韧
钨钼 W50Mo	2000	2400	15	3000	3000	0.0532	脆韧适中

(3) 电极丝的直径 电极丝的直径是根据加工要求和工艺条件选取的。在加工要求允许的情况下,可选用直径大些的电极丝。直径大,抗拉强度大,承受电流大,可采用较强的电规准进行加工,能够提高输出的脉冲能量,提高加工速度。同时,电极丝粗,切缝宽,放电产物排除条件好,加工过程稳定,能提高脉冲利用率,也能提高加工速度。但是粗丝难以加工出内尖角工件,降低了加工精度;切缝宽会使材料的蚀除量变大,加工速度降低。电极丝直径太小,抗拉强度低,易断丝;切缝窄时使放电产物排除条件差,加工中经常出现不稳定现象,导致加工速度降低。但是可得到较小半径的内尖角,使加工精度相应提高。

一般情况下,慢速走丝时,多采用直径为0.06~0.12mm的电极丝;快速走丝时,多采用直径为0.10~0.25mm的电极丝。在精密微细加工中,还有采用直径小于0.06mm细丝的。采用铜丝时,电极丝直径稍粗些。

2. 丝速对工艺指标的影响

快走丝方式的丝速一般为每秒几百毫米到十几米,当丝速为10m/s时,相当于1μs时间,电极丝移动0.01mm。这样快的速度,有利于脉冲结束时,放电通道迅速消电离。同时,调整运动的电极丝能把工作液带入厚度较大工件的放电间隙中,有利于排屑和放电加工稳定进行。在一定加工条件下,随着丝速的增大,加工速度提高,但最佳走丝速度对应着最大加工速度。超过这一丝速，加工速度开始下降。例如用直径为0.22mm的钼丝，在乳化液介质中，加工厚为30mm的T10淬火钢工件，采用矩形波脉冲电源，脉冲宽度为30μs，脉冲间隔为50μs，空载电压为90V，短路电流峰值为30A时，改变电极丝的走丝速度，可得到对应的加工速度曲线，如图5-4所示。由图可知，丝速在5m/s以下时，加工速度随丝速的增加而提高；丝速在5~8m/s时，丝速的变化对加工速度的影响较小；丝速超过8m/s时，随着丝速的增加，加工速度反而下降。这是因为，丝速在5m/s以下时，随着丝速增加，排屑条件改善较大，加工速度亦增加较多；当丝速达到一定程度时，排屑条件已经基本与蚀除速度相适应，丝速增高，加工速度变化缓慢，丝速再增高，排屑条件虽然仍在改善，蚀除作用基本不变，但储丝筒在一次排丝的运转时间减小，相反在一定时间内的正反向换向次数增多，非加工时间增多，从而使加工速度降低。

3. 电极丝上丝、紧丝对工艺指标的影响及调整方法

电极丝的上丝、紧丝是线切割操作的一个重要环节，它的好坏直接影响到加工零件的质量和切割速度。如图5-5所示为线切割电极丝张力与加工进给速度的关系，当电极丝张力适中时，切割速度最大。在上丝、紧丝的过程中，如果上丝过紧，电极丝超过弹性变形的限度，由于频繁地往复弯曲、摩擦，加上放电时遭受急热、急冷变换的影响，可能发生疲劳而造成断丝。高速走丝时，因上丝过紧而断丝往往发生在换向的瞬间，即使空走也会断丝。

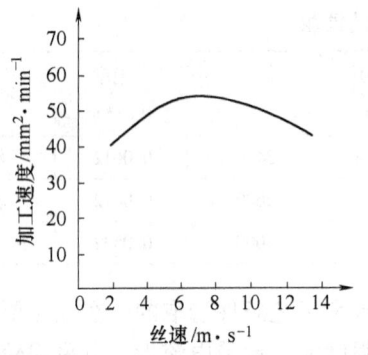

图5-4 快走丝中丝速对加工速度的影响

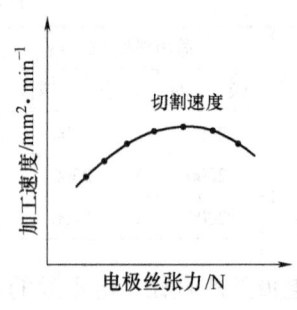

图5-5 线切割电极丝张力与加工进给速度的关系

但若上丝过松，由于电极丝具有延伸性，在切割较厚工件时，由于电极丝的跨距较大，除了它的振动幅度大以外，还会在加工过程中受放电压力的作用而弯曲变形，结果电极丝切割轨迹落后并偏离工件轮廓，即出现加工滞后现象，如图5-6所示，从而造成形状与尺寸误差，如切割较厚的圆柱体时会出现腰鼓形状，严重时电极丝快速运转容易跳出导轮槽或限位槽，而被卡断或拉断。所以电极丝张力的大小，对运行时电极丝的振幅和加工稳定性有很大的影响，故而在上电极丝时应采取张紧电极丝的措施。如在上丝过程中外加辅助张紧力，通常可逆转电动机，或上丝后再张紧一次（例如采用张紧手持滑轮）。为了不降低电火花线切割的工艺指标，张紧力在电极丝抗拉强度允许范围内应尽可能大一些，张紧力的大小应视电极丝的材料与直径的不同而异，一般快走丝线切割机床钼丝张力应在5~10N范围内。

4. 电极丝垂直度对工艺指标的影响

由于电极丝运动的位置主要由导轮决定，如果导轮有径向圆跳动或轴向窜动，电极丝就

会发生振动，振幅决定于导轮跳动或窜动值。假定下导轮是精确的，上导轮在水平方向上有径向圆跳动，如图 5-7 所示，这时切割出的圆柱体工件必然出现圆柱度偏差。如果上、下导轮都不精确，两导轮的跳动方向又不可能相同，因此在工件加工部位各个空间位置上的精度均可能降低。

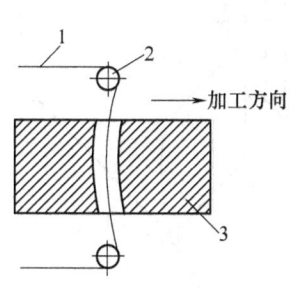

图 5-6　放电切割时电极丝
的弯曲滞后
1—电极丝　2—导轮　3—工件

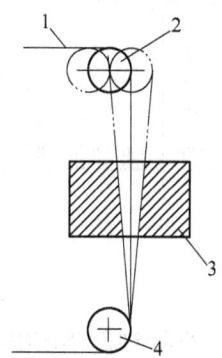

图 5-7　上导轮在水平方向上的径向
圆跳动对加工工件的影响
1—电极丝　2—上导轮　3—工件　4—下导轮

导轮 V 形槽的圆角半径超过电极丝半径时，将不能保持电极丝的精确位置。两只导轮的轴线不平行，或者两导轮轴线虽平行，但 V 形槽不在同一平面内，导轮的圆角半径会较快地磨损，使电极丝正反向运动时不是靠在同一侧面上，加工表面产生正反向条纹。这就直接影响加工精度和表面粗糙度。同时由于电极丝抖动，使电极丝与工件间瞬时短路、开路次数增多，脉冲利用率降低，切缝变宽。对同样长度的切缝，工件的电蚀量增大，使得切割效率降低。因此应提高电极丝的位置精度，以利于提高各项加工工艺指标。为了准确地切割出符合精度要求的工件，电极丝必须垂直于工件的装夹基面或工作台定位面。为了保证电极丝的位置精度，在导轮与导轮轴承发生磨损后，应及时更换导轮和导轮轴承。在工件加工之前应进行电极丝的垂直度校正。常用的电极丝垂直度校正方法有利用垂直块校正及用校正仪（器）校正。

5. 电极丝运动方向的变化对工艺指标的影响

高速走丝线切割机床的电极丝是快速往复运行的，在加工钢料时，在切割出的表面的进出口两端附近往往有黑白相间的条纹，切割的速度越快，这种现象就更加明显。通过仔细观察这些黑白相间的条纹，可以看出黑的微凹、白的微凸，当电极丝换向时，黑、白条纹也跟着改变了位置，如图 5-8 所示，这是由于工作液出、入口处的供应状况和蚀除物的排除情况不同造成的。电极丝入口处工作液供应充分，冷却条件好，蚀除量大，但蚀除物不易除去，工作液在放电间隙中受高温热裂，分解出的炭黑和钢中的碳微粒被移动的钼丝带入间隙，致使放电产生的炭黑等物质凝聚附着在该处加工表面上，使该处呈黑色。而在出口处工作液少，冷却条件差，但因靠近出口，排除蚀除物的条件好，又因工作液少，蚀除量小，在放电产物中炭黑也较少，且放电常在气体中发生，因此表面呈白色。由于放电间隙在气体中比在液体中小，所以电极丝入口处的放电间隙比出口处大，如图 5-9 所示。

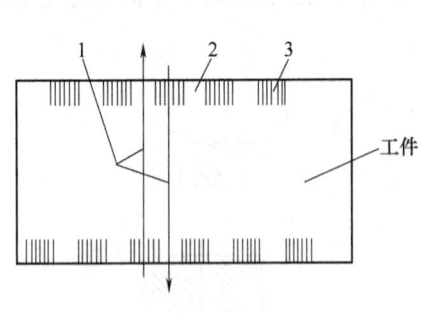 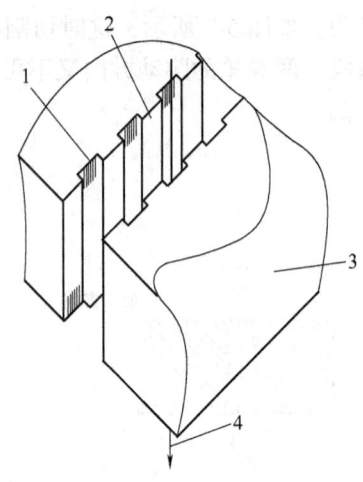

图5-8 快走丝加工钢件时电极丝进、出口处产生的黑白相间条纹

图5-9 电极丝出、入口切缝宽度不同
1—入口 2—出口 3—工件 4—电极丝

由于电极丝入口处和出口处的切割宽度不同，就使电极丝的切割处不是直壁缝，而是具有斜度。快走丝加工钢件所产生的黑白条纹，对工件的加工精度和表面粗糙度也造成一定影响。

 任务准备

电极丝，千分尺，钢直尺。

 任务实施

观察实习车间选用的电极丝，并完成下列任务：

1）用千分尺测量电极丝直径，记录在实习卡片上。测量每段电极丝时，应至少取三个不同位置测量，分别记下直径值。

2）阅读丝盘上的说明，弄清楚电极丝材料。

3）从丝盘上各剪下0.5m长电极丝，用力拉两头，感知是否有伸长。注意：应戴手套，以防勒伤。

4）切割一段工件，观察电极丝有无抖动、切割表面有无黑白相间条纹。

 检查评议

分成若干小组，分组实施，互相检验。尽可能详尽地记录电极丝的工作状态，讨论哪些情形切割效率最高、哪些情形切割质量最好，分析其原因。

 问题及防治

在任务实施过程中，一定要仔细观察。教师应对关键步骤进行把关，以防加工中产生断丝等。

任务3　了解工件自身对线切割工艺性能的影响

任务描述

如图 5-10 所示为两块材料相同的板件，其厚度分别为 10mm 和 30mm，采用相同的电加工参数来加工，记下加工时间，计算切割速度分别是多少？

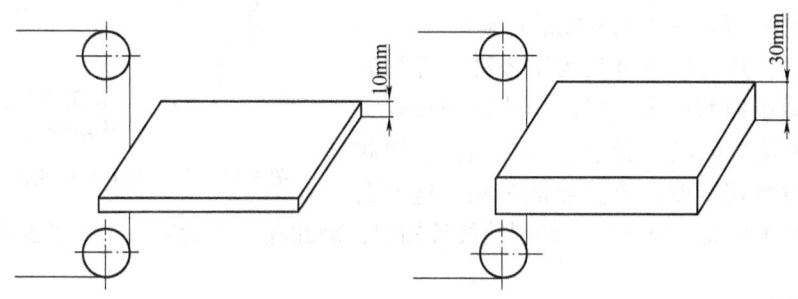

图 5-10　厚度不同的板件

任务分析

对线切割而言，从始至终只有一根很细的电极丝参与切割，工件形状对切割影响并不大。工件本身对线切割工艺性能的影响主要集中在工件材料、厚薄、是否经过热处理等方面。

相关知识

1. 工件材料对线切割工艺性能的影响

不同材料的线切割工艺性能是不同的，下面对一些常用材料的切割性能作简要介绍。

（1）Cr12 钢　具有良好的电火花线切割加工性能，加工速度高，加工表面光亮、均匀，可获得较小的表面粗糙度值。

（2）硬质合金　数控电火花线切割加工速度较低，但能获得很低的表面粗糙度值。

（3）纯铜　数控电火花线切割加工速度较低，是合金工具钢的 50%～60%，表面粗糙度值较大，放电间隙也较大，但其切割稳定性较好。

（4）铝　电火花线切割加工性能良好，切割速度是合金工具钢的 2～3 倍，加工后表面光亮，表面粗糙度值一般。铝在高温下表面极易形成不导电的氧化膜，因而数控电火花线切割加工时，放电停歇时间相对要小才能保证高速加工。

（5）石墨　电火花线切割性能很差，效率只有合金工具钢的 20%～30%，其放电间隙小，不易排屑，加工时易短路，属不易加工材料。

2. 工件厚度对线切割工艺性能的影响

工件厚度小，工作液容易进入并充满放电间隙，对排屑和消电离有利，加工稳定性好，但工件太薄，放电脉冲利用率和切割效率偏低，且电极丝易抖动，对加工精度和表面粗糙度不利。

工件厚度大，工作液难以进入和充满放电间隙，加工稳定性差，但电极丝不易抖动，因此加工精度较高，表面粗糙度值较小。切割速度 v 先随厚度的增加而增加，达到某一最大值（一般为 $50\sim100\text{mm}^2/\text{min}$）后开始下降。这是因为厚度过大时，排屑条件变差。通常情况下，工件厚度与切割速度的关系如图 5-11 所示。

3. 热处理对线切割工艺性能的影响

一般而言，热处理本身是为了提高工件的表面硬度或者减小内部应力。但由于热处理过程工艺不同，工件最后的应力状态也不尽相同，因此热处理工艺对线切割变形有直接的影响。这方面的内容还涉及工件夹持点选择、切削路线等知识，因此在后面章节再进行详细讲解。

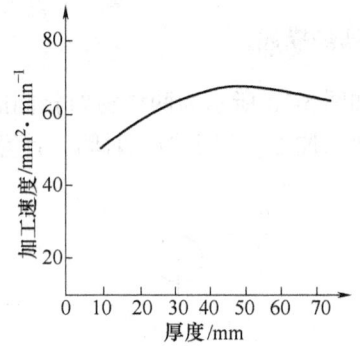

图 5-11　工件厚度与切割速度的关系

 任务准备

10mm、30mm、100mm 钢板各一块（宽度选用 40mm，材料为 45 钢），DK7732 型线切割机床一台。

 任务实施

1）将 10mm 板件装夹在机床工作台上。

2）利用接触找边功能，让电极丝停在工件 1mm 处。

3）查表选择合适的电加工参数（如电流管数 4 个、脉冲宽度 10μs，脉冲间隔为 100μs），请按指导老师给出的 3B 切断程序（BBB42000GXL1）进行加工，记下加工起始时间。

4）加工结束，记下结束时间。

5）依次换上 30mm、100mm 板件，重复上面的加工步骤，记下加工用时，计算切割速度。

检查评议

1. 分成若干组，选择不同的电加工参数进行加工。将结果记录在下面的表格中。

组　别	电加工参数			不同厚度的加工速度/(mm²/min)		
	电流管数	脉冲宽度	脉冲间隔	10mm	30mm	100mm
第一组						
第二组						
第三组						

2. 分析、总结相关规律

问题及防治

电加工参数的选择应在教师指导下进行，以免断丝。加工时应保证加工长度始终一致。

任务4　了解电加工参数对工艺指标的影响

任务描述

如图 5-12 所示为一正八边形零件。在实习教师指导下，每边分别选用不同的电加工参数进行加工，观察电加工参数对线切割工艺指标的影响。

任务分析

线切割电加工参数主要指脉冲电源的相关指标，包括波形、脉冲宽度、脉冲间隔、功率管数等指标。本任务通过实验，分析电加工参数对线切割加工的表面质量、尺寸精度和加工速度等都有什么影响。

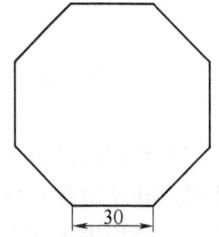

图 5-12　正八边形零件

相关知识

脉冲电源的波形与参数对材料的电腐蚀过程影响极大，它们决定着放电痕（表面粗糙度）、蚀除率、切缝宽度的大小和钼丝的损耗率，进而影响加工的工艺指标。

一般情况下，电火花线切割加工脉冲电源的单个脉冲放电能量较小，除受工件加工表面粗糙度要求的限制外，还受电极丝允许承载放电电流的限制。要获得较小的表面粗糙度值，每次脉冲放电的能量不能太大。表面粗糙度要求不高时，单个脉冲放电能量可以取大些，以便得到较高的切割速度。

在实际应用中，脉冲宽度约为 2~60μs，而脉冲重复频率约为 10~100kHz，有时也可以高于或低于这个范围。脉冲宽度窄、重复频率高，有利于降低表面粗糙度值，提高切割速度。

1. 加工参数

数控快走丝电火花线切割机床的加工参数通常有以下几种：

(1) 波形　有些快走丝线切割机床有两种波形可供选择：矩形波和分组脉冲。

1) 矩形波。其波形如图 5-13 所示。矩形波加工效率高，加工范围广，加工稳定性好，是快走丝线切割机床常用的加工波形。

2) 分组脉冲。其波形如图 5-14 所示。分组脉冲适用于薄工件的加工，精加工较稳定。

(2) 短路峰值电流 i_s　如图 5-15 所示为在一定工艺条件下，短路峰值电流 i_s 对切割速度 v_{wi} 和表面粗糙度值 Ra 的影响曲线。从图中可以看出，当其他工艺条件不变时，增大短路峰值电流，可以提高切割速度，但表面粗糙度值将会变大。这是由于短路峰值电流越大，单个脉冲能量越大,放电痕越大,切割速度高,表面粗糙度值就比较大。在增大短路峰值电流的同时,电极丝的损耗也加大,严重的甚至发生断丝现象,这方面也会使加工精度有所降低。

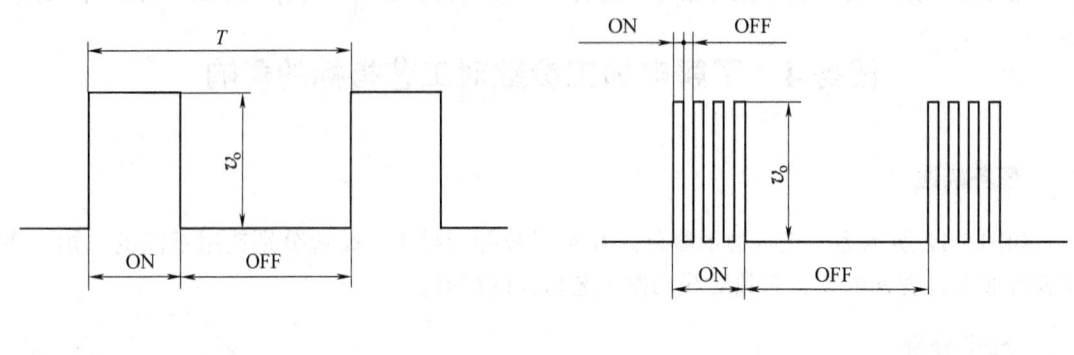

图 5-13 矩形波脉冲　　　　　　　　　图 5-14 分组脉冲

（3）开路电压 u_i　开路电压增大,加工电流增大,切割速度提高,表面粗糙度值变大。这是因为开路电压增大,加工间隙增大,致使排屑更容易,切割速度和加工的稳定性也都有所提高,但随着加工间隙的增大,加工精度略有下降。同时,开路电压的增大还会使电极丝产生振动,加大电极丝的损耗。在采用乳化液作为介质使用快走丝方式加工时,其开路电压一般取 60~150V。如图 5-16 所示为在一定的工艺条件下,开路电压 u_i 对切割速度 v_{mi} 和表面粗糙度值 Ra 的影响曲线。

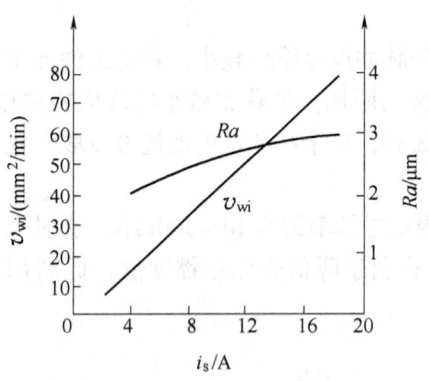
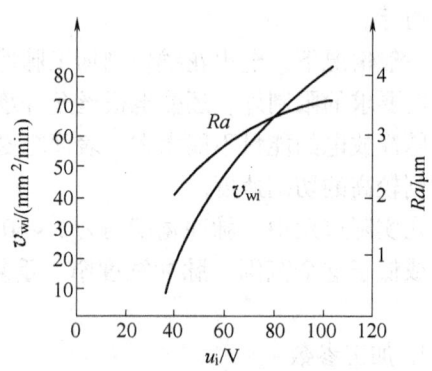

图 5-15 短路峰值电流对切割速度　　　　图 5-16 开路电压对切割速度和
　　　　和表面粗糙度的影响曲线　　　　　　　　　表面粗糙度的影响曲线

（4）脉冲宽度 ON（t_i）　如图 5-17 所示为在一定的工艺条件下,脉冲宽度 t_i 对切割速度 v_{mi} 和表面粗糙度值 Ra 的影响曲线。从图中可以发现,脉冲宽度 t_i 增大时,切割速度提高,但表面粗糙度值变大。这是因为脉冲宽度增大,单个脉冲放电能量增大,蚀除量增多,所以致使切割速度提高,表面粗糙度值变大。

脉冲宽度的值通常取 2~60μs，精加工中脉冲宽度 t_i 的取值较小，一般小于 20μs。从图 5-17 中还可以发现，当 t_i 大于 40μs 后，脉冲宽度增加对加工速度的提高并不明显，但随着脉冲宽度的增大，电极丝的损耗明显增大。当工件厚度较大时，t_i 取值应根据情况增加。

(5) 脉冲间隔 OFF (t_o)　当脉冲间隔 t_o 减小时，平均电流增大，切割速度加快，但一般情况下脉冲间隔 t_o 不能取得太小，它受到间隙绝缘恢复速度的限制。如果脉冲间隔太小，放电产物来不及排出，放电间隙不能充分消电离，将使加工不稳定，容易发生电弧放电，致使工件烧伤和出现断丝；但脉冲间隔也不能太大，否则会使切割速度明显下降，严重时不能连续进给，使加工变得不稳定。

如图 5-18 所示为在一定的工艺条件下，脉冲间隔 t_o 对切割速度 v_{wi} 和表面粗糙度值 Ra 的影响曲线。由图可知，减小脉冲间隔，表面粗糙度值增大，但提高的幅度不大，此时切割速度的增大比较明显，这表明脉冲间隔对切割速度影响较大，对表面粗糙度值影响较小。

脉冲间隔 t_o 的值通常取在 10~250μs，在此范围内基本上能适应各种加工条件，可以进行比较稳定的加工。在加工工件较厚时，要保证加工的稳定，放电间隙要大，所以脉冲宽度和脉冲间隔都应取较大值。

(6) 功率管数 IP　此参数用于设置投入放电加工回路的功率管数。管数的增、减决定着脉冲峰值电流的大小，管数越多，脉冲的峰值电流越大，切割速度越高，表面粗糙度值越大，放电间隙越大。

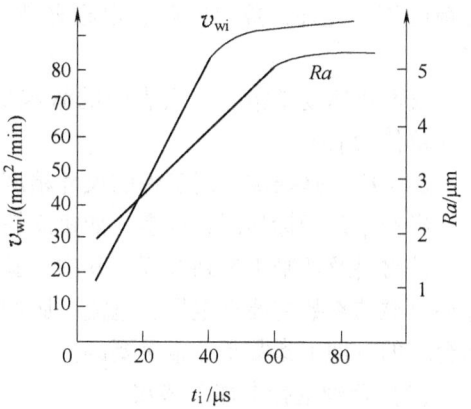

图 5-17　脉冲宽度对切割速度和
表面粗糙度的影响曲线

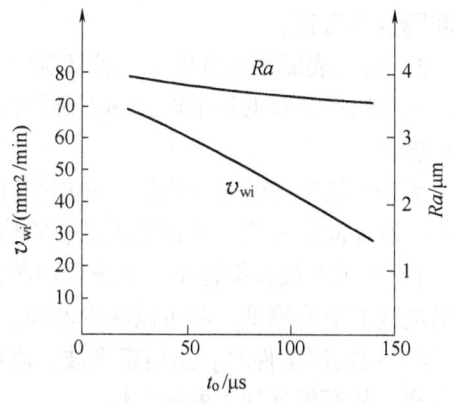

图 5-18　脉冲间隔对切割速度和
表面粗糙度的影响曲线

一般中厚度精加工为 3~4 只管子；中厚度半精加工、大厚度精加工为 5~6 只管子；大厚度中粗加工为 6~9 只管子。

(7) 伺服电压 SV　用于控制伺服的参数，最大值通常为 7（具体参见机床说明书）。当放电间隙电压高于设定值时，电极丝进给，低于设定值时，电极丝回退。加工状态的好坏，与 SV 取值密切相关。SV 取值过小，会造成放电间隙小，排屑不畅，易短路；反之，使空载脉冲增多，加工速度下降。SV 取值合适，加工状态最稳定。

(8) 伺服进给速度 SP　此参数的调节对切割速度、加工精度和表面质量的影响很大。因此，调节预置进给速度应紧密跟踪工件蚀除速度，以保持加工间隙恒定在最佳值上。这样可使有效放电状态的比例加大，而开路和短路的比例减少，使切割速度达到给定加工条件下的最大值，同时还能获得较好的加工精度和表面质量。

(9) 电压 V　即加工电压值，一般有两种选择，即常压和低压。低压一般在找正时选用，加工时一般都选用常压，因而电压 V 一般不用修改。

2. 根据加工对象合理选择电参数

(1) 加工工艺指标　电火花线切割加工工艺指标主要包括切割速度、表面粗糙度、加工精度等。此外，放电间隙、电极丝损耗和加工表面层变化也是反映加工效果的重要内容。

表面粗糙度是指加工后表面的微观平面度，通常用平面度的算术平均偏差 Ra 值来衡量，单位为 μm。

加工精度是指加工后工件的尺寸精度、几何形状精度和相互位置精度。

影响工艺指标的因素很多，如机床精度、脉冲电源的性能、工作液的脏污程度、电极丝与工件材料及切割工艺路线等。其中，脉冲电源的波形及参数的影响是相当大的，如矩形波脉冲电源的参数主要有电压、电流、脉冲宽度、脉冲间隔等，所以，根据不同的加工对象选择合理的电加工参数是非常重要的。

(2) 合理选择电加工参数

1) 要求切割速度高。当脉冲电源的空载电压高、短路电流大、脉冲宽度大时，则切割速度就高。但是切割速度和表面粗糙度是互相矛盾的两个工艺指标，所以，必须在满足表面粗糙度的前提下再追求高的切割速度。而且切割速度还受间隙消电离的限制，也就是说，脉冲间隔也要适宜。

2) 要求表面粗糙度值小。若切割的工件厚度在 80mm 以内，则选用分组的脉冲电源为好，它与同样能量的矩形波脉冲电源相比，在相同的切割速度条件下，可以获得较小的表面粗糙度值。

无论是矩形波还是分组波，其单个脉冲能量小，则表面粗糙度值小。也就是说，脉冲宽度小，脉冲间隔适当、峰值电压低、峰值电流小时，表面粗糙度值较小。

3) 要求电极丝损耗小。多选用前阶梯脉冲波形或脉冲前沿上升缓慢的波形，由于这种波形电流的上升率低，故可以减少丝损。

4) 切割厚工件时。选用矩形波、高电压、大电源、大脉冲宽度和大的脉冲间隔可充分消电离，从而保证加工的稳定性。

若加工模具厚度为 $20\sim60mm$，表面粗糙度值为 $Ra1.6\sim3.2\mu m$，脉冲电源的电加工参数可在如下范围内选择：

脉冲宽度：$4\sim20\mu s$

脉冲幅值：$60\sim80V$

功率管数：$3\sim6$ 个

加工电流：$0.8\sim2A$

加工薄工件和试切样板时，电加工参数应取小些，否则会使放电间隙增大。

加工厚工件时，电加工参数应当取大些，否则会使加工不稳定，模具质量下降。

(3) 合理调整变频进给的方法　整个变频进给控制电路有多个调整环节，其中大都安装在机床控制柜内部，出厂时已调整好，一般不应再变动；另有一些环节，操作人员可以根据工件材料、厚度及加工协作单位等来调节，以改变进给速度。不要以为变频进给的电路能自动跟踪工件的蚀除速度并始终维持某一放电间隙（即不会开路不走或短路闷死),便错误地认为加工时可不必或可随便调节变频进给量。实际上某一具体加工条件下只存在一个相应的最佳进给量,此时钼丝的进给速度恰好等于工件实际可能的最大蚀除速度。如果操作者设置的进给速度小于工件实际可能的蚀除速度(称欠跟踪或欠进给),则加工状态偏开路,无形中降低了生产率;如果设置好的进给速度大于工件实际可能的蚀除速度(过跟踪或过进给),则加工状态偏短路,实际进给和切割速度反而下降,而且增加了断丝和"短路闷死"的危险。实际上,由于进给系统中步进电动机、传动部件等有惯性及滞后现象,不论是欠进给或过进给,自动调节系统都将使进给速度忽快忽慢,加工过程变得不稳定。因此,合理调节变频进给,使其达到较好的加工状态是很重要的,主要有以下两种方法。

1) 用示波器观察和分析加工状态的方法。如果条件允许,最好用示波器来观察加工状态,它不仅直观,而且还可以测量脉冲电源的各种电加工参数。如图 5-19 所示为加工时可能出现的几种典型波形。

将示波器输入线的正极接工件,负极接电极丝,调整好示波器,则观察到的较好波形应如图 5-20 所示。图中,a 为空载波,b 为加工波,c 为短路波。若变频进给调整得合适,则加工波最明显,空载波和短路波很淡,此时为最佳加工状态。

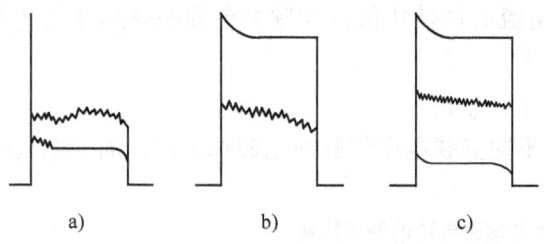

图 5-19 加工时的几种波形
a) 过跟踪 b) 欠跟踪 c) 最佳跟踪

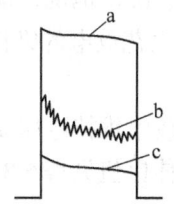

图 5-20 加工波形图

数控线切割机床加工效果的好坏,在很大程度上还取决于操作者调整的进给速度是否适宜,为此可将示波器接到放电间隙,根据加工波形来直观地判断与调整(见图 5-19)。

a) 进给速度过高(过跟踪,如图 5-19a 所示)。此时间隙中空载电压波形消失,加工电压波形变弱,阻抗电压波形明显。这时工件蚀除的线速度低于进给速度,间隙接近于短路,加工表面发焦呈褐色,工件的上、下端面均有过烧现象。

b) 进给速度过低(欠跟踪,如图 5-19b 所示)。此时间隙中空载电压波形较明显,时而出现加工波形,短路波形出现较少。这时工件蚀除的线速度大于进给速度,间隙近于开路,加工表面亦发焦呈淡褐色,工件的上、下端面也有过烧现象。

c) 进给速度稍低(欠佳跟踪)。此时间隙中空载、加工、短路三种波形均较明显,波形比较稳定。这时工件蚀除的线速度略高于进给速度,加工表面较粗、较白,两端面有黑白交错的条纹。

d) 进给速度适宜(最佳跟踪,如图 5-19c 所示)。此时间隙中空载及短路波形弱,加工波形明显而稳定。这时工件蚀除的速度与进给速度相当,加工表面细而亮,丝纹均匀。因此在这种情况下,能得到表面粗糙度值小、精度高的加工效果。表 5-2 给出了根据进给状态调整变频的方法。

表 5-2 根据进给状态调整变频的方法

实频状态	进给状态	加工面状况	切割速度	电极丝	变频调整
过跟踪	慢而稳	焦褐色	低	略焦、老化快	应减慢进给速度
欠跟踪	忽慢忽快、不均匀	不光洁、易现深痕	较快	易烧丝、有白斑	应加快进给速度
欠佳跟踪	慢而稳	略焦褐、有条纹	低	焦色	应稍增加进给速度
最佳跟踪	很稳	发白、光洁	快	发白、老化快	不需要调整

2) 用电流表观察分析加工状态的方法。利用电压表和电流表以及用示波器等来观察加工状态，使之处于较好的加工状态，实质上也是一种调节变频进给速度的方法。下面介绍一种用电流表根据工作电流和短路电流的比值来更快速、更有效地调节最佳变频进给速度的方法。

根据工人长期操作实践，并经理论推导证明，用矩形波脉冲电源进行线切割加工时，无论工件材料、厚度、规准大小，只要调节变频进给，把加工电流（即电流表上指示的平均电流）调节到大约等于短路电流（即脉冲电源短路时表上指示的电流）的 70%~80%，就可保证为最佳工作状态，即此时变频进给速度最合理、加工最稳定、切割速度最佳。

更严格、准确地说，加工电流与短路电流的最佳比值 β 与脉冲电源的空载电压（峰值电压 u_i）和火花放电的维持电压 u_e 的关系为

$$\beta = 1 - u_e/u_i$$

当火花放电维持电压 u_e 为 20V 时，用不同空载电压的脉冲电源加工时，加工电流与短路电流的最佳比值见表 5-3。

表 5-3 加工电流与短路电流的最佳比值

脉冲电源空载电压 u_i/V	40	50	60	70	80	90	100	110	120
加工电流与短路电流的最佳比值 β									

短路电流的获取可以用计算法，也可以用实测法。例如，某种电源的空载电压为 100V，共有 6 个功放管，每管的限流电阻为 25Ω，则每管导通时的最大电流为 100A/25 = 4A，6 个功放管全用、导通时的短路峰值电流为 6A×4 = 24A。设选用的脉冲宽度和脉冲间隔的比值为 1:5，则短路时的短路电流（平均电流）为

$$24A \times \frac{1}{1+5} = 4A$$

由此，在切割加工中，当调节到加工电流为 4A×0.8 = 3.2A 时，进给速度和切割速度可认为最佳。

实测短路电流的方法为用一根较粗的导线或螺钉旋具，人为地将脉冲电源输出端搭接短路，此时由电流表上读得的数值即为短路电流值。按此法可对上述电源将不同电压、不同脉宽间隔比的短路电流列成一个表，以备随时查用。

本方法可使操作工人在调节和寻找最佳变频进给速度时有一个明确的目标值，可很快调节到较好的进给和加工状态的大致范围，必要时再根据前述电压表和电流表指针的摆动方向，补偿调节到表针稳定不动的状态。

在上述调节方法中，必须在工作液供给充足、导轮精度良好、钼丝松紧合适等正常切割条件下才能取得较好的效果。

(4) 进给速度对切割速度和表面质量的影响

1) 进给速度调得过快。进给速度超过工件的蚀除速度，会频繁地出现短路，造成加工不稳定，使实际切割速度反而下降，加工表面也发焦呈褐色，工件上、下端面处有过烧现象。

2) 进给速度调得太慢。进给速度大大落后于工件可能的蚀除速度，极间将偏开路，使脉冲利用率过低，切割速度大大降低，加工表面发焦呈淡褐色，工件上、下端面处有过烧现象。

上述两种情况，都有可能引起进给速度忽快忽慢，加工不稳定，且易断丝。加工表面出现不稳定条纹，或出现烧蚀现象。

3) 进给速度调得稍慢。加工表面较粗、较白，两端有黑白交错的条纹。

4) 进给速度调得适宜。加工稳定，切割速度高，加工表面细而亮，丝纹均匀，可获得较小的表面粗糙度值和较高的精度。

任务准备

150mm×150mm×5mm 钢板，冬庆 DK7732 型线切割机床。

任务实施

1) 检查机床是否处于正常工作状态，即工作电极丝是否安装正确，电极丝的松紧程度是否合适，正负导电块有无损坏，检查断丝保护电极块是否能正常动作，工作液是否工作正常等。

2) 在指导教师指导下，利用自动编程编出一个八边形（如边长为30mm）的加工程序。

3) 将工件装夹到工作台上。如有必要，应首先校正电极丝垂直度。

4) 开始加工，每条边选择一组电加工参数。记下每条边对应的参数及切割时间。

5) 切割完成后，观察切割的每个面。如有条件，测量其表面粗糙度。

6) 将所有数据汇总到实习卡片上，见表5-4。

表5-4 实习卡片

边 数	电加工参数			加工时间	表面粗糙度
	脉冲宽度	脉冲间隔	峰值电流		
边1					
边2					
边3					
边4					
边5					
边6					
边7					
边8					

检查评议

可以分成若干组进行加工，每组分别观察不同电加工参数对加工的影响。例如，第一组可以保持脉冲间隔、峰值电流不变，观察不同脉冲宽度对加工的影响；第二组、第三组依此类推，分别观察不同脉冲间隔和峰值电流对加工的影响。

问题及防治

尽管本任务是观察不同电加工参数对加工的影响，但应注意，选择的电加工参数还是有一个合理的范围。在加工前，应将选定参数交给实习老师审核，避免参数不当发生断丝等。

思考与练习

一、填空题

1. 线切割使用的工作液种类很多，但都应具备_____、_____、_____和对环境无污染、对人体无危害等特点。

2. 线切割工作液、_____、_____和_____等因素都对线切割加工工艺指标有显著影响。

二、简答题

1. 如何对线切割工作液进行配制？各种工作液有何优缺点？
2. 简述电极丝对线切割加工工艺有哪些影响。
3. 简述工件本身对线切割加工工艺有哪些影响。
4. 简述电加工参数对线切割加工工艺有哪些影响。

三、操作题

1. 根据车间实际，配制工作液。
2. 分组实验，验证电加工参数对线切割加工工艺指标的影响。

单元 6 3B 指令编程

知识目标

♪ 了解 3B 编程的概念及编程格式
♪ 了解偏移补偿的概念及应用

技能目标

♪ 会利用 3B 格式进行编程

任务 1 认识 3B 程序格式

任务描述

下面是一串代码指令，大家知道是什么含义吗？

B8000 B3000 B8000 GX L1

任务分析

上面的程序代码称为 3B 程序，是线切割手工编程中应用最多的一种程序格式。本任务中，我们将学习 3B 程序格式、代码含义以及应用 3B 格式编写简单零件的加工程序。

相关知识

数控线切割机床是按照"程序指令"来控制机床进行加工的。因此，必须事先把要切割的图形，用机器所能接受的"语言"编排好"指令"，这项工作叫做数控线切割编程，简称编程。

编程方法分为手工编程和自动编程。手工编程即是直接手工录入线切割程序指令，机床根据指令来加工。手工编程是线切割工作者的基本功，很多简单零件用手工编程更加方便。同时，掌握手工编程也是读懂、编辑自动编程所生成程序的基础。自动编程则是利用绘图软件绘制加工图形，再定义穿丝点、路径等信息，机床根据这些信息自动生成程序并实现加工。复杂的图形一般用自动编程。

目前，线切割程序常见的格式有 3B、4B、5B、ISO 和 EIA 等，使用最多的是 3B 格式，慢走丝多采用 4B 格式，目前也有许多系统直接采用 ISO 代码格式（单元 7 中将介绍）。本单元着重讲解 3B 格式的编程方法及应用。

1. 编程方法

3B 格式是数控电火花线切割机床上最常用的程序格式，在该程序格式中无偏移补偿，但可通过机床的数控装置或一些自动编程软件，自动实现偏移补偿。3B 程序格式见表 6-1。

表 6-1 3B 程序格式

B	X	B	Y	B	J	G	Z
分隔符号	X 坐标值	分隔符号	Y 坐标值	分隔符号	计数长度	计数方向	加工指令

表中　B——分隔符，它的作用是将 X、Y、J 等数值区分开来；

　　X、Y——增量（相对）坐标值；

　　　J——加工线段的计数长度；

　　　G——加工线段的计数方向；

　　　Z——加工指令。

下面详细讲解上述代码的含义。

（1）坐标系与坐标值 X、Y 的确定　平面坐标系是这样规定的：面对机床操作台，工作台平面为坐标系平面，左右方向为 X 轴，且右方向为正；前后方向为 Y 轴，前方为正。编程时，采用相对坐标系，即坐标系的原点随程序段的不同而变化。加工直线时，以该直线的起点为坐标原点，X、Y 取该直线终点的坐标值；加工圆弧时，以该圆弧的圆心为坐标系的原点，X、Y 取该圆弧起点的坐标值。X、Y 坐标值的单位为 μm，坐标值的负号不写。

（2）计数方向 G 的确定　不管是加工直线还是圆弧，计数方向均按终点的位置来确定。加工直线时，终点靠近何轴，则计数方向取该轴，加工与坐标轴成 45°角的线段时，计数方向取 X 轴、Y 轴均可，记作：GX 或 GY，如图 6-1a 所示；加工圆弧时，终点靠近何轴，则计数方向取另一轴，加工圆弧的终点与坐标轴成 45°角时，计数方向取 X 轴、Y 轴均可，记作：GX 或 GY，如图 6-1b 所示。

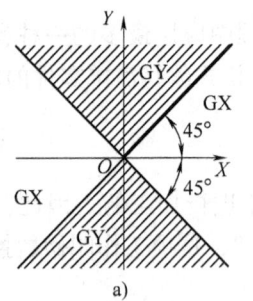 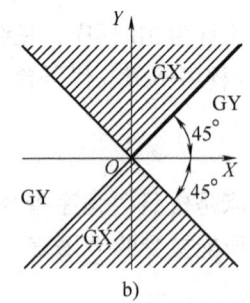

图 6-1　计数方向的确定

a）加工直线时计数方向的确定　b）加工圆弧时计数方向的确定

（3）计数长度 J 的确定　计数长度是在计数方向的基础上确定的。计数长度是被加工的直线或圆弧在计数方向坐标轴上投影的绝对值总和，其单位为 μm。

例如，如图 6-2 所示，加工直线 OA 时计数方向为 X 轴，计数长度为 OB，数值等于 A 点

的 X 坐标值；在图 6-3 中加工半径为 500 的圆弧 MN 时，计数方向为 X 轴，计数长度为 $500 \times 3 = 1500$，即圆弧 MN 中三段 $90°$ 圆弧在 X 轴上投影的绝对值总和。

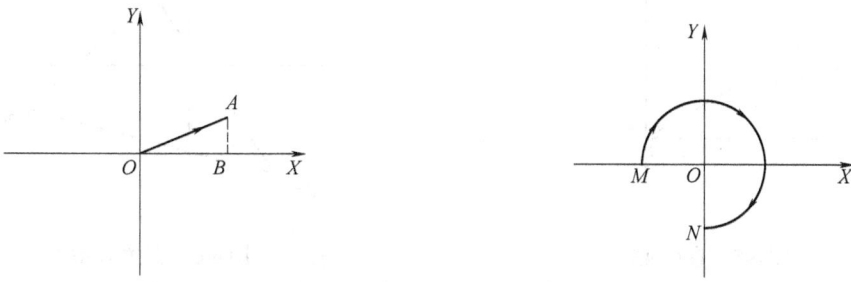

图 6-2　加工直线时计数长度的确定　　图 6-3　加工圆弧时计数长度的确定

(4) 加工指令 Z 的确定　加工直线时有四种加工指令：L1、L2、L3、L4。如图 6-4a 所示，当直线在第Ⅰ象限（包括 X 轴而不包括 Y 轴）时，加工指令记作 L1；当处于第Ⅱ象限（包括 Y 轴而不包括 X 轴）时，记作 L2；L3、L4 依此类推。

加工顺时针圆弧时有四种加工指令：SR1、SR2、SR3、SR4。如图 6-4b 所示，当圆弧的起点在第Ⅰ象限（包括 Y 轴而不包括 X 轴）时，加工指令记作 SR1；当起点在第Ⅱ象限（包括 X 轴而不包括 Y 轴）时，记作 SR2；SR3、SR4 依此类推。

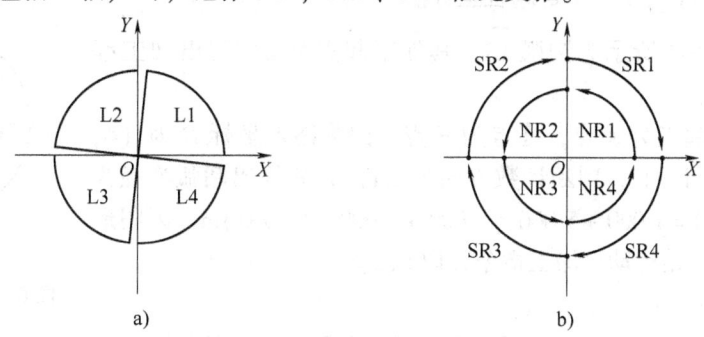

图 6-4　加工指令的确定
a) 加工直线时计数方向的确定　b) 加工圆弧时计数方向的确定

加工逆时针圆弧时有四种加工指令：NR1、NR2、NR3、NR4。如图 6-4b 所示，当圆弧的起点在第Ⅰ象限（包括 X 轴而不包括 Y 轴）时，加工指令记作 NR1；当起点在第Ⅱ象限（包括 Y 轴而不包括 X 轴）时，记作 NR2；NR3、NR4 依此类推。

例 1　如图 6-5 所示为直线 AB，写出其 3B 加工程序。

直线 AB 中，因为 A 点坐标为坐标原点，B 点相对于 A 点的坐标增量即为 B 点坐标值。确定计数方向：比较终点 X、Y 坐标值，$|x| > |y|$，故计数方向为 GX；确定加工指令：直线 AB 在第二象限，加工指令为 L2。

因而其 3B 程序为：

　　　　　　　　B8000　B5000　B8000　GX　L2

思考：若从 B 点开始加工，直线 BA 的 3B 程序如何写呢？

例 2　在给定坐标系中，加工图 6-6 所示三角形 ABC，O 为起始点，写出其加工程序。

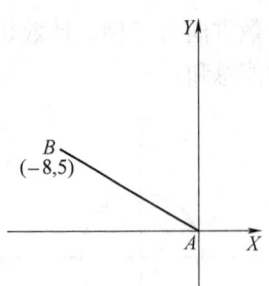
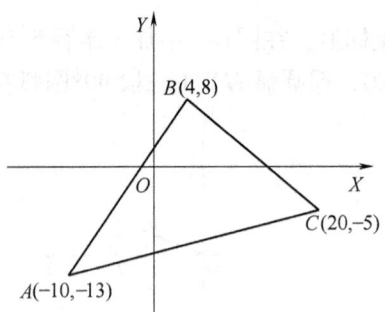

图 6-5 直线 AB 图 6-6 三角形 ABC

O 为起始点，按 A→B→C 的顺序，加工该三角形。具体程序如下：

序号	B	X	B	Y	B	J	G	Z	备 注
1	B	10000	B	13000	B	13000	GY	L3	OA 段引入程序段
2	B	14000	B	21000	B	21000	GY	L1	AB 段
3	B	16000	B	13000	B	16000	GX	L4	BC 段
4	B	30000	B	8000	B	30000	GX	L3	CA 段
5	B	10000	B	13000	B	13000	GY	L1	AO 段引出程序段

注意：在直线 3B 编程时，应始终把每条直线的起点坐标作为零点，在这个坐标系下的直线终点坐标值才是编程坐标。例如图 6-6 中，AB 直线段编程中，A 点为坐标原点，以此计算的 B 点坐标（14，21）才是编程坐标。

例 3 如图 6-7 所示为圆弧 $\overgroup{AB}$，其加工起点为 A，写出加工程序。

顺时针圆弧起点为 A 点，终点为 B 点。因为终点坐标 B 为 (4, -3)，其 $|x| > |y|$，判断计数方向为 GY。计算得出圆弧半径为 R5，则计数长度 $J = 4\,000 + 5\,000 + 5\,000 + 3\,000 = 17\,000\,\mu m$。因图形从第三象限起点开始运动，加工指令 Z 取 SR3。

其程序为：

B4 000　B3 000　B17 000　GY　SR3

图 6-7 圆弧 3B 编程

任务准备

如图 6-8 所示零件，待加工毛坯，冬庆 DK7732 型数控线切割机床。

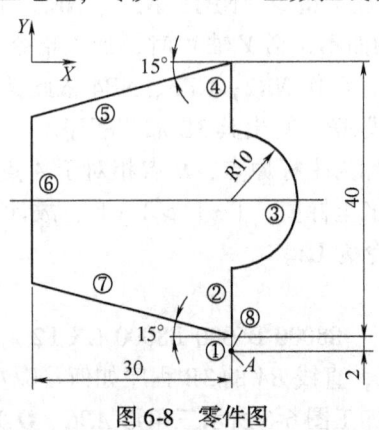

图 6-8 零件图

任务实施

加工前,先对图样进行分析,设定拟加工路径,编制3B程序:

(1) 确定加工路线　起始点为A,加工路线为①→②→…→⑧(见图6-8)。①段为切入,⑧段为切出,②~⑦段为程序零件轮廓。

(2) 分别计算各段曲线的坐标值

(3) 按3B格式编写程序单　程序如下:

Example.3b　　　　　　　　　　　　　　;3B文件名
B0　　　　B2000　　　B2000　　　GY　L2　;加工程序
B0　　　　B10000　　B10000　　GY　L2　;可与上句合并
B0　　　　B10000　　B20000　　GX　NR4
B0　　　　B10000　　B10000　　GY　L2
B30000　　B8040　　　B30000　　GX　L3
B0　　　　B23920　　B23920　　GY　L4
B30000　　B8040　　　B30000　　GX　L4
B0　　　　B2000　　　B2000　　　GY　L4
DD　　　　　　　　　　　　　　　　　　　;结束语句(有的系统不需要)

具体加工过程如下:

1) 开机进入主界面,找到"3B程序输入",单击进入3B编程窗口。

2) 输入3B程序。输入的过程中,按F9键实时观看程序对应图形,检查编程是否正确。

3) 编程结束,按F3保存。程序命名为"Example.3b"。

4) 按F9键进入模拟切割界面,进行模拟切割。

5) 检查无误,按ESC键退回主界面。单击"WORK加工"进行加工。

检查评议

分成若干组,按不同的加工起点、路径进行编程。互相检查、校对程序。

问题及防治

任务实施时,应注意以下几点:一是加工起点的确定要考虑工件的装夹位置,即应方便工件的装夹和加工;二是具体编程时要进行单位和坐标的换算;最后,在加工前可以对编制的程序进行模拟加工,以校核其正确性。

任务2　掌握偏移补偿的概念及应用

任务描述

任务1中讲解3B手工编程时,并没有考虑偏移补偿,实际加工中不考虑偏移补偿,势必会产生较大误差。如图6-9所示,若按实线矩形框编程,由于存在电极丝半径和放电间隙，实际加工出来的形状会是虚线矩形框。很明显，零件"做小了"。对这样一个偏移量如何计算，又如何进行偏移补偿，以加工出合格零件呢？

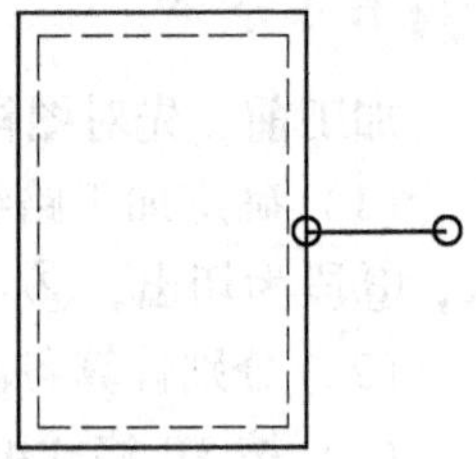

任务分析

要完成该任务，首先要清楚误差产生的原因，再分析误差的大小、正负，最后研究如何进行偏移补偿。

相关知识

图 6-9 偏移补偿

在实际加工中，电火花线切割数控机床是通过控制电极丝的中心轨迹来进行加工的，如图 6-10 所示电极丝的中心轨迹用虚线表示。在数控线切割机床上，电极丝的中心轨迹和图样上工件轮廓之间差别的补偿就叫偏移补偿，其补偿形式又可分为编程补偿和自动补偿两种。

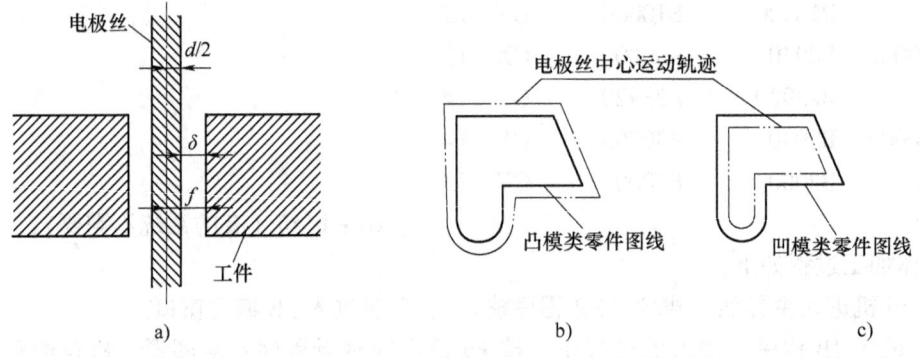

图 6-10 电极丝的中心轨迹
a) 电极丝直径与放电间隙 b) 加工凸模类零件 c) 加工凹模类零件

1. 编程补偿法

加工凸模时，电极丝中心轨迹应在所加工图形的外面；加工凹模时，电极丝中心轨迹应在所加工图形的里面。工件图形与电极丝中心轨迹的距离，在圆弧的半径方向和线段垂直方向都等于偏移补偿量 f。

偏移补偿量的算法如下：加工冲模的凸、凹模时，应考虑电极丝半径 $r_{丝}$、电极丝和工件之间的单边放电间隙 $\delta_{电}$ 及凸模和凹模间的单边配件间隙 $\delta_{配}$。当加工冲孔模具时（即冲后要求工件保证孔的尺寸），凸模尺寸由孔的尺寸确定。因在凹模上扣除，故凸模的偏移补偿量 $f_{凸} = r_{丝} + \delta_{电}$，凹模的偏移补偿量 $f_{凹} = r_{丝} + \delta_{电} - \delta_{配}$。当加工落料模时（即冲后要求保证冲下的工件尺寸），凹模尺寸由工件的尺寸确定。因 $\delta_{配}$ 在凹模上扣除，故凸模的偏移补偿量 $f_{凸} = r_{丝} + \delta_{电} - \delta_{配}$，凹模的偏移补偿量 $f_{凹} = r_{丝} + \delta_{电}$。

编制如图 6-11 所示零件的凹模和凸模程序，此模具是落料模，钼丝直径为 $\phi 0.13$ mm。

（1）编制凹模程序 因该模具是落料模，冲下零件的尺寸由凹模决定，模具配合间隙在凸模上扣除，故凹模的偏移补偿量为

$$f_{凹} = r_{丝} + \delta_{电} = 0.065\text{mm} + 0.01\text{mm} = 0.075\text{mm}$$

图 6-12 中虚线表示电极丝中心轨迹，此图对 X 轴上下对称，对 Y 轴左右对称。因此，只要计算一个点，其余三个点均可相应得到。

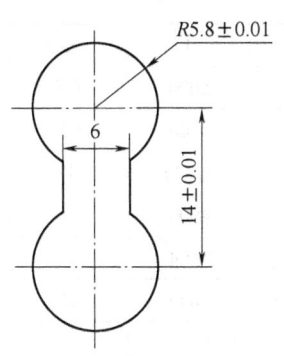

图 6-11 零件图

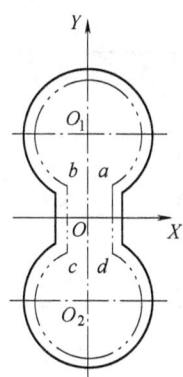

图 6-12 凹模电极丝中心轨迹及坐标

圆心 O_1 的坐标为 (0, 7),O_2 点的坐标为 (0, -7),其余各点的坐标经过计算分别为:$a(2.925, 2.079)$;$b(-2.925, 2.079)$;$c(-2.925, -2.079)$;$d(2.925, -2.079)$。这些点的坐标经过简单的几何运算即可获得,也可以通过 CAD 软件等将图画好后得到各点的坐标。

O 点为切割起点,切割路径为 $O \to a \to b \to c \to d \to a \to O$,则此凹模的全部加工程序见表 6-2。

表 6-2 凹模的加工程序

序号	B	X	B	Y	B	J	G	Z
1	B	2925	B	2079	B	2925	GX	L1
2	B	2925	B	4921	B	17050	GX	NR4
3	B		B		B	4158	GY	L4
4	B	2925	B	4921	B	17050	GX	NR2
5	B		B		B	4158	GY	L2
6	B	2925	B	2079	B	2925	GX	L3
7								D

(2)编制凸模程序(见图 6-13) 凸模的偏移补偿量 $f_{凸} = 0.065\text{mm} + 0.01\text{mm} - 0.01\text{mm} = 0.065\text{mm}$。这里取 $\delta_{配} = 0.01\text{mm}$。经计算得各点的坐标为:$a(3.065, 2)$;$b(-3.065, 2)$;$c(-3.065, -2)$;$d(3.065, -2)$。

加工时先用 L1 切进去 5mm(要根据坯料的实际情况决定)至 b 点,沿凸模按逆时针方向切割回 b 点,再用 L3 退回 5mm 至起始点,其加工程序见表 6-3。

2. 自动补偿法

加工前,将偏移补偿量 f 输入到机床的数控装置。编程时,按图样的名义尺寸编制线切割程序,偏移补偿量 f 不在程序段尺寸中,图形上所有非光滑连接处应加过渡圆弧修饰,使图形中不出现尖角,过渡圆弧的半径必须大于补偿量。这样在加工时,数控装置能自动将过渡圆弧处增大或减小距离 f 进行补偿,而直线段保持不变。

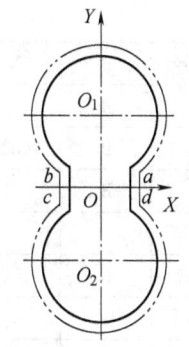

图 6-13 凸模电极丝中心轨迹及坐标

表6-3 凸模的加工程序

序号	B	X	B	Y	B	J	G	Z
1	B		B		B	5000	GX	L1
2	B		B		B	4000	GX	L4
3	B	3065	B	5000	B	17330	GY	NR2
4	B		B		B	4000	GX	L2
5	B	3065	B	5000	B	17330	GY	NR4
6	B		B		B	5000	GX	L3
7								D

编制图6-14中凸凹模（图中尺寸为计算后的平均尺寸）的电火花线切割加工程序。电极丝直径为$\phi 0.18$mm，单边放电间隙为0.01mm。

（1）建立坐标系，确定穿丝孔位置 切割凸凹模时，不仅要切割外表面，还要切割内表面，因此，加工顺序为先内后外，选取$\phi 20$mm圆的圆心O为凹模穿丝孔的位置，选取B点为凸模穿丝孔的位置。

（2）确定偏移补偿量 偏移补偿量为（0.18/2）mm+0.01mm=0.1mm。

（3）计算交点坐标 将图形分成单一的直线段或圆弧，求F点的坐标值。F点是直线段FE与

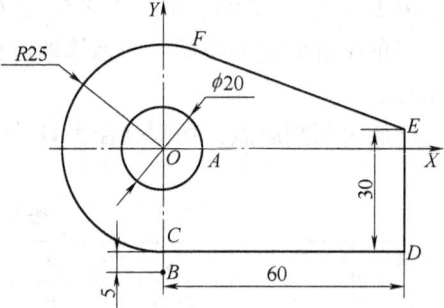

图6-14 凸凹模

圆弧的切点，其坐标值经过计算为（8.4561，23.5255），其余各点的坐标可直接由图形尺寸得到。

（4）编写程序 采用自动补偿时，图形中直线段OA与BC为引入段，需减去偏移补偿量0.1mm。其余线段和圆弧不需考虑偏移补偿。切割时，由数控装置根据补偿特征自动进行补偿，但在D点和E点需加过渡圆弧，取$R=0.15$mm。

加工顺序为：先切割内孔，然后空走到外形B处，再按$B\to C\to D\to E\to F\to C$的顺序切割，其加工程序见表6-4。

表6-4 凸凹模加工程序

序号	B	X	B	Y	B	J	G	Z	备注
1	B		B		B	9900	GX	L1	穿丝切割，OA段引入程序段
2	B	10000	B		B	40000	GY	NR1	内孔加工
3	B		B		B	9900	GX	L3	AO段
4								D	拆卸钼丝
5	B		B		B	30000	GY	L4	空走
6								D	重新穿丝
7	B		B		B	4900	GY	L2	BC段
8	B	59850	B	0	B	59850	GX	L1	CD段

(续)

序号	B	X	B	Y	B	J	G	Z	备 注
9	B	0	B	150	B	150	GY	NR4	D 点过渡圆弧
10	B	0	B	29745	B	29745	GY	L2	DE 段
11	B	150	B	0	B	150	GX	NR1	E 点过渡圆弧
12	B	51445	B	18491	B	51445	GX	L2	EF 段
13	B	84561	B	23526	B	58456	GX	NR1	FC 圆弧
14	B		B		B	4900	GY	L4	CB 段引出程序段
15								D	加工结束

任务准备

如图 6-15 所示的零件图，活扳手、内六角扳手、游标卡尺、百分表、划针各一件，毛坯（材料为 T10，尺寸为 100mm × 50mm × 5mm）一块，DK7725 型电火花线切割机床。

任务实施

1. 机床操作

1）检查机床，保证其处于正常工作状态。

2）分析零件图，确定装夹位置及进给路线。

3）利用 3B 代码指令编程。

a）单击"3B 输入"，进入手工输入程序模式。

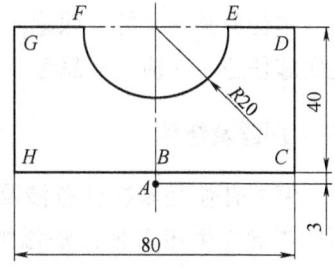

图 6-15 零件图

b）按"F5"键，新建一个 3B 程序，在该窗口下输入 3B 程序。输入的同时可以按"F9"键，即显示当前程序对应图形，方便实时检查程序是否正确。

c）按"F3"键，保存文件。

4）将毛坯固定在机床上，调校电极丝垂直度，利用百分表找正工件。

5）进入零件加工界面，调出刚编好的程序，在控制柜上面选择合适的电加工参数，开液压泵、运丝，进行加工。加工中，为防止加工完毕后工件掉落而卡断电极丝，应在已切割处放置磁铁。

6）加工完毕，关闭机床，检测工件。

7）擦干机床，整理好实训现场，填写实训报告。

2. 实训报告

1）加工路径及加工参数的选定。图 6-15 中 A 点为穿丝孔，加工顺序为 A→B→C→D→E→F→G→H→B→A。

工件名称		材料		切割面积	
电极丝半径		单边放电间隙		偏移量	
电规准	工作电压		工作电流		
	脉冲宽度		功放管数		脉冲间隔	

2）编写程序，填写程序清单。

序号	B	X	B	Y	B	J	G	Z	备注
1									
2									
3									
4									
5									
6									
7									
8									
9									

检查评议

本任务是一个综合课题，包含了工件装夹、电极丝与工件找正、编程等全部重要内容。在实施任务时，应反复思考、讨论，形成正确方法。

问题及防治

偏移补偿是本次任务涉及的一个新知识点，为了达到熟练掌握、灵活应用的目的，教师应指导学生用多种方法添加补偿。加工完成后，还应对零件仔细测量，确认补偿添加正确。

思考与练习

一、填空题

1. 线切割编程的方法有_____和_____两种。

2. 3B 编程是国内线切割机床普遍采用的一种编程格式，其格式中的字母 J、G 分别代表_____和_____。

3. 3B 编程中，加工指令分为直线和圆弧两类。其中，直线根据所在象限的不同可以分为_____、_____、_____和_____四种。圆弧根据顺时针、逆时针的不同旋向分为_____和_____两类。

4. 由于电极丝有一定直径及存在放电间隙，造成电极丝中心并不在工件轮廓上。在线切割编程时，需要对上述偏移量进行_____。

5. 偏移补偿形式有_____和_____两种。

二、简答题

1. 简述 3B 编程格式，并指出各个代码的含义。

2. 什么是偏移补偿？如何进行补偿？

三、操作题

用 3B 代码编制如图 6-16 所示凸模的线切割加工程序，已知电极丝直径为 $\phi 0.12mm$，单边放电间隙为0.01mm，图中 O 为穿丝孔，拟采用的加工路线为 $O→E→D→C→B→A→E→O$。

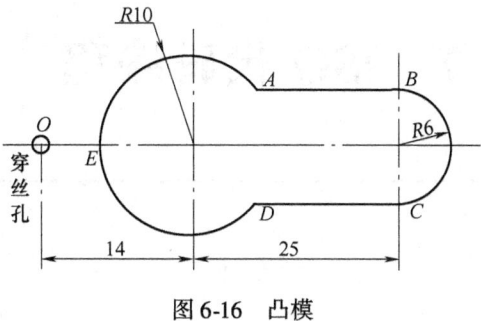

图 6-16　凸模

单元 7　ISO 代码编程

知识目标

♪ 掌握 ISO 代码的含义

技能目标

♪ 能够看懂 ISO 代码编制的线切割程序
♪ 能够进行简单 ISO 程序的编制
♪ 能够对自动生成的 ISO 程序进行编辑

任务描述

单元 6 对 3B 格式编程进行了重点讲解，尽管 3B 程序代码少，易学易用，但它毕竟只是国产数控线切割机床大多采用的编程语言，很多进口线切割机床，甚至部分国产线切割机床还是无法识别的。就像中文中的"一、二、三……"只有"翻译"成"1、2、3……"才具备世界范围的通用性一样，随着生产加工越来越国际化，按照国际统一规范——ISO 代码进行编程是今后数控加工的必然趋势。本任务即是通过学习 ISO 代码，掌握数控线切割机床"国际通用的语言"。

任务分析

ISO 代码是国际标准化组织规定的代码，在所有数控设备上都具备通用性。所以，同学们在数控车、铣等学过的 G 代码编程语言很多也能运用到线切割机床上来。同学们可以结合已有知识，比较异同点，达到深刻理解的目的。

相关知识

1. 程序段格式

程序段是由若干个程序字组成的，其格式如下：

N__ G__ X__ Y__

字是组成程序段的基本单元，一般都是由一个英文字母加若干位 10 进制数字组成的（如 X8000），这个英文字母成为地址字符。不同的地址字符表示的功能也不一样（见表 7-1）。

表 7-1 地址字符表

功能	地址	意义	功能	地址	意义
顺序号	N	程序段号	锥度参数字	W、H、S	锥度参数指令
准备功能	G	指令动作方式	进给速度	F	进给速度指令
尺寸字	X、Y、Z	坐标轴移动指令	刀具速度	T	刀具编号指令(切削加工)
	A、B、C、U、V	附加轴移动指令	辅助功能	M	机床开/关及程序调用指令
	I、J、K	圆弧中心坐标	补偿字	D	间隙及电极丝补偿指令

(1) 顺序号　位于程序段之首，表示程序的序号，后续数字为 2~4 位，如 N03、N0010。

(2) 准备功能 G　准备功能 G（以下简称 G 功能）是建立机床或控制系统工作方式的一种指令，其后有两位正整数，即 G00~G99。

(3) 尺寸字　尺寸字在程序段中主要用来指定电极丝运动到达的坐标位置。电火花线切割加工常用的尺寸字有 X、Y、U、V、A、I、J 等。尺寸字的后续数字在要求代数符号时应加正负号，单位为 μm。

(4) 辅助功能 M　由 M 功能指令和后续的两位数字组成，即 M00~M99，用来控制机床辅助装置的接通或断开。

2. 程序格式

一个完整的加工程序是由程序名、程序的主体（若干程序段）和程序结束指令组成，如

P10
N01　G92　X0　Y0
N02　G01　X5000　Y5000
N03　G01　X2500　Y5000
N04　G01　X2500　Y2500
N05　G01　X0　Y0
N06　M02

(1) 程序名　由文件名和扩展名组成。程序的文件名可以用字母和数字表示，如 P10，最多可用 8 个字符，但文件名不能重复。扩展名最多用 3 个字母表示，如 P10. CUT。

(2) 程序主体　程序的主体由若干程序段组成，如上面加工程序中的 N01~N05 段。在程序的主体中又分为主程序和子程序。将一段重复出现的、单独组成的程序，称为子程序。子程序命名后单独存储，即可重复调用。子程序常应用于某个工件上几个相同型面的加工中。调用子程序所用的程序，称为主程序。

(3) 程序结束指令 M02　M02 安排在程序的最后，单列一段。当数控系统执行到 M02 程序段时，就会自动停止进给，并使数控系统复位。

3. ISO 代码及其编程

表 7-2 所列是电火花线切割数控机床常用的 ISO 代码。

表 7-2 电火花线切割数控机床常用的 ISO 代码

代码	功能	代码	功能
G00	快速定位	G55	加工坐标系 2
G01	直线插补	G56	加工坐标系 3
G02	顺圆插补	G57	加工坐标系 4
G03	逆圆插补	G58	加工坐标系 5
G05	X 轴镜像	G59	加工坐标系 6
G06	Y 轴镜像	G80	接触感知
G07	X、Y 轴交换	G82	半程移动
G08	X 轴镜像,Y 轴镜像	G84	微弱放电找正
G09	X 轴镜像,X、Y 轴交换	G90	绝对尺寸
G10	Y 轴镜像,X、Y 轴交换	G91	增量尺寸
G11	Y 轴镜像,X 轴镜像,X、Y 轴交换	G92	定起点
G12	消除镜像	M00	程序暂停
G40	取消间隙补偿	M02	程序结束
G41	左偏间隙补偿	M05	接触感知解除
G42	右偏间隙补偿	M96	主程序调用文件程序
G50	消除锥度	M97	主程序调用文件结束
G51	锥度左偏	W	下导轮到工作台面的高度
G52	锥度右偏	H	工件厚度
G54	加工坐标系 1	S	工作台面到上导轮的高度

另外,在 HCKX250 线切割机床的数控系统中,用 C 表示加工条件;H001 表示上导轮中心到工作台面的距离;H002 表示工件厚度;H003 表示下导轮中心到工作台面的距离;G10、G11、G12、G13、G14、G15、G16、G17 完成上表中从 G05 到 G12 的镜像功能;G04 为暂停指令。

(1) 快速定位指令 G00 在机床不加工的情况下,G00 指令可使指定的某轴以最快速度移动到指定位置,其程序段格式为

G00 X__ Y__

例如,图 7-1 中快速定位到线段终点的程序段格式为

G00 X60000 Y80000;即从当前位置快速移动到 (60,80) 坐标位置

注意:如果程序段中有了 G01 或 G02/G03 指令,则 G00 指令无效。

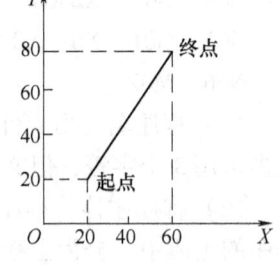

图 7-1 快速定位

(2) 直线插补指令 G01 该指令可使机床在各个坐标平面内加工任意斜率直线轮廓和用直线段逼近曲线轮廓,其程序段格式为

G01 X__ Y__

例如,图 7-2 中直线插补的程序段格式为

G92 X20000 Y20000

G01　X80000　Y60000；即从当前位置切割加工到（80，60）坐标位置

目前，可加工锥度的电火花线切割数控机床具有 X、Y 坐标轴及 U、V 附加轴工作台，其程序段格式为

G01　X__　Y__　U__　V__

（3）圆弧插补指令 G02/G03　G02 为顺时针圆弧插补指令，G03 为逆时针圆弧插补指令。用圆弧插补指令编写的程序段格式为

G02　X__　Y__　I__　J__

G03　X__　Y__　I__　J__

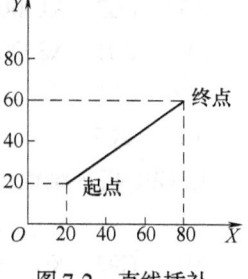

图 7-2　直线插补

程序段中，X、Y 分别表示圆弧终点坐标；I、J 分别表示圆弧圆心相对于圆弧起点在 X、Y 方向的增量尺寸（即以圆弧起点为坐标原点，圆弧圆心在此坐标系下的坐标值）。

例如，图 7-3 中圆弧插补的程序段格式为

G92　X10000　Y10000　　　　　　　；起始点为 A

G02　X30000　Y30000　I20000　J0　；AB 段圆弧

G03　X45000　Y15000　I15000　J0　；BC 段圆弧

（4）指令 G90、G91、G92　G90 为绝对尺寸指令，表示该程序中的编程尺寸是按绝对尺寸给的，即移动指令终点坐标值 X、Y 都是以工件坐标系原点（程序的零点）为基准来计算的。

G91 为增量尺寸指令，该指令表示程序段中的编程尺寸是按增量尺寸给定的，即坐标值均以前一个坐标位置作为起点来计算下一点位置值。3B、4B 程序均按此方法计算坐标点。

注意：G90 通常为系统默认编程方式，即如果程序中无 G90、G91 指令，程序中的尺寸为绝对编程方式；如果程序中使用了 G91 指令，需转换为 G90 方式，则程序中必须加入 G90 指令。

G92 为定起点坐标指令，G92 指令中的坐标值为加工程序起点的坐标值（如图 7-3 所示的 A 点），其程序段格式为

G92　X__　Y__

例如，加工如图 7-4 所示的零件，按图样尺寸编程。

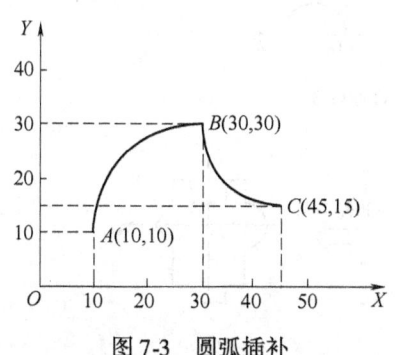

图 7-3　圆弧插补

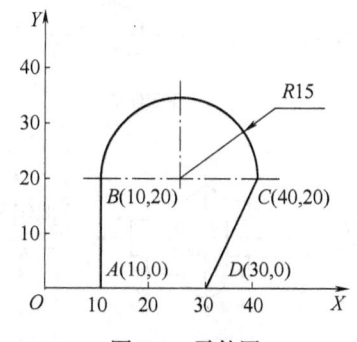

图 7-4　零件图

用 G90 指令编程：

A1　　　　　　　　　　　　　　　；程序名

N01　G92　X0　Y0　　　　　　　；确定加工程序起点为 O 点

N02　G01　X10000　Y0　　　　　；O→A

N03　G01　X10000　Y20000　　　　；A→B
N04　G02　X40000　Y20000　I15000　J0　；B→C
N05　G01　X30000　Y0　　　　　；C→D
N06　G01　X0　Y0　　　　　　；D→O
N07　M02　　　　　　　　　　　；程序结束

用 G91 指令编程：
A2　　　　　　　　　　　　　；程序名
N01　G92　X0　Y0
N02　G91
N03　G01　X10000　Y0　　　　；以下为增量尺寸编程
N04　G01　X0　Y20000
N05　G02　X30000　Y0　I15000　J0
N06　G01　X－10000　Y－20000
N07　G01　X－30000　Y0
N08　M02

（5）镜像及交换指令 G05、G06、G07、G08、G09、G10、G11、G12　对于一些对称性好的工件，可以利用原来的程序加上上述指令，很容易产生一个与之对应的新程序，如图 7-5 所示。

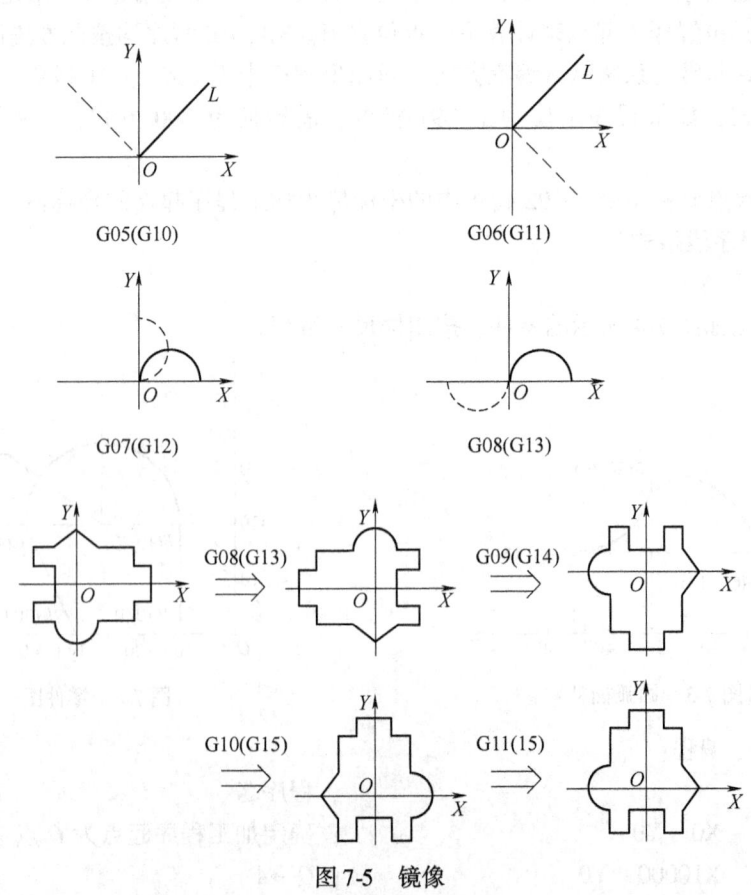

图 7-5　镜像

1) G05（G10，HCKX250 机床的数控系统，下同）为 X 轴镜像，函数关系式为 $X = -X$。
2) G06（G11）为 Y 轴镜像，函数关系式为 $Y = -Y$。
3) G07（G12）为 X、Y 轴交换，函数关系式为 $X = Y$，$Y = X$。
4) G08（G13）为 X 轴镜像、Y 轴镜像，函数关系式为 $X = -X$，$Y = -Y$，即 G08 = G05 + G06。
5) G09（G14）为 X 轴镜像，X、Y 轴交换，即 G09 = G05 + G07。
6) G10（G15）为 Y 轴镜像，X、Y 轴交换，即 G10 = G06 + G07。
7) G11（G16）为 X 轴镜像、Y 轴镜像，X、Y 轴交换，即 G11 = G05 + G06 + G07。
8) G12（G17）为消除所有镜像，每个程序镜像结束后都要按该指令加工。

（6）间隙补偿指令 G40、G41、G42　在放电过程中，为了消除电极丝半径和放电间隙对加工尺寸的影响，在理论轨迹上要偏移一个电极丝半径和放电间隙的距离，这个距离称为偏移量。偏移的方向有左偏和右偏两种。

G41 为左偏补偿指令，其程序段格式为

G41　D＿

G42 为右偏补偿指令，其程序段格式为

G42　D＿

程序段中的 D 表示间隙补偿量。

G40 为补偿功能撤销指令。

注意：左偏、右偏是沿加工方向看，电极丝在加工图形左边为左偏；电极丝在加工图形右边为右偏。间隙补偿指令如图 7-6 所示。

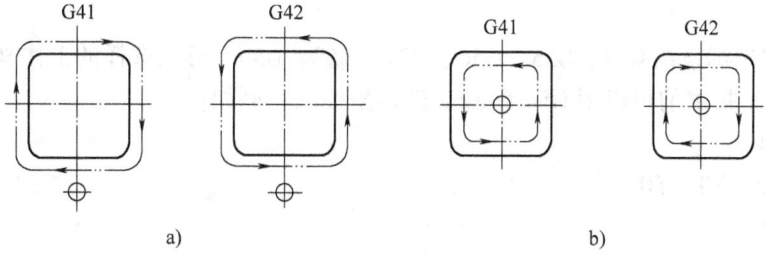

图 7-6　间隙补偿指令

a) 凸模加工　b) 凹模加工

示例程序如下：

G92　X0　Y0
G42　D150　　　　；D 为钼丝半径和放电间隙之和，此程序段须放在进刀线之前
G01　X5000　Y0　　；进刀线
…
G40　　　　　　　　；G40 应放在退刀线之前
G01　X0　Y0　　　；退刀线
M02　　　　　　　　；程序结束

（7）锥度加工指令 G50、G51、G52　在目前的一些电火花线切割数控机床上，锥度加工都是通过装在上导轮部位的 U、V 附加轴工作台实现的。加工时，控制系统驱动 U、V 附

加轴工作台，使上导轮相对于 X、Y 坐标轴工作台移动，以获得所要求的锥角。用此方法可以解决凹模的漏料问题。

G51 为锥度左偏指令，即沿走丝方向看，电极丝向左偏离。顺时针加工，锥度左偏加工的工件为上大下小；逆时针加工，左偏时工件上小下大。锥度左偏指令的程序段格式为

G51　A__

G52 为锥度右偏指令，用此指令顺时针加工，工件为上小下大；逆时针加工，工件为上大下小。锥度右偏指令的程序段格式为

G52　A__

程序段中 A 表示锥度值，单位为度 (°)。

G50 为取消锥度指令。

例如，如图 7-7 所示凹模锥度加工指令的程序段格式为"G51　A0.5"。加工前还需输入工件及工作台参数指令 W（或 H003）、H（或 H002）、S（或 H001）。

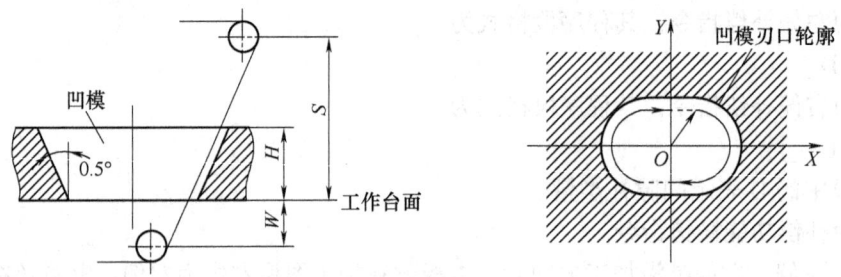

图 7-7　凹模锥度加工

（8）工作坐标系统 G54、G55、G56、G57、G58、G59　可供选择的工作坐标系统共有 6 个，在定起点坐标之前可以用 G54 到 G59 选择坐标系。例如：

N01　G54
N02　G92　X0　Y0
N03　G54
N04　G00　X100　Y200
N05　G55
N06　G92　X0　Y0

在 G54 坐标系统下起点为 (0, 0)，快速移动到 (100, 200)，设置 (100, 200) 为 G55 坐标系统原点。N06 程序段中的起点 (0, 0) 事实上是 G54 坐标系统中的 (100, 200)。如果不选工作坐标系统，则当前坐标系被自动设定为本程序的工作坐标系。

对于较复杂的图形，设置多个坐标系统，可以大大减少计算的工作量。

（9）接触感知指令 G80　利用 G80 代码可以使电极丝从现行位置接触到工件，然后停止。例如：

G54
G80　X　；向 X 正方向接触到工件

（10）半程移动指令 G82　G82 指令使加工位置沿指定的坐标轴返回一半的距离，即处于当前坐标系中坐标值一半的位置。例如：

G54
G92　X0　Y0　　　　　　；X、Y 坐标置零
G00　X100000　Y0　　　；X 轴坐标值移动到 100 位置处
G82　X　　　　　　　　；X 轴移动到 100/2 = 50 处

注意：G80、G82 指令在"定位"方式中有效。

(11) M 指令　M 指令又称辅助功能指令。

1) 程序暂停指令 M01。执行 M01 以后，程序执行暂停功能，程序执行停止点的所有模式信息将被保留，取消暂停功能后，程序继续执行。

2) 程序结束指令 M02。M02 执行后，自动关掉丝筒、高频、泵等开关，加工完毕。

3) 接触感知解除指令 M05。忽视电极丝和工件已接触感知。例如：

G54
G80　X　　　　　　　　　　；向 + X 方向接触到工件
G92　X0　Y0　　　　　　　；X、Y 坐标置零
M05　G00　X - 1. Y0　　　；如不忽视电极丝和工件已接触感知，此时坐标轴不能移动，
　　　　　　　　　　　　　　就会显示短路报警

4) 调用子程序指令 M96。用于主程序调用子程序。

格式：M96　文件路径　文件名

例如，M96　D:\2003\wirecut\mainprog\da.iso

5) 子程序调用结束指令 M97。用于主程序调用子程序结束并返回主程序。

4. 编程实例

加工如图 7-8 所示的落料凹模，电极丝直径为 0.18mm，单边放电间隙为 0.01mm，图中的凹模尺寸为计算后的平均尺寸，试编制其加工程序。

建立坐标系，并按图样上的平均尺寸计算轮廓交点坐标及圆心坐标。间隙补偿量为

$f = r + \delta = 0.18\text{mm}/2 + 0.01\text{mm} = 0.1\text{mm}$

选 O 点为加工起点，其加工顺序为 O→A→B→C→D→A→O。

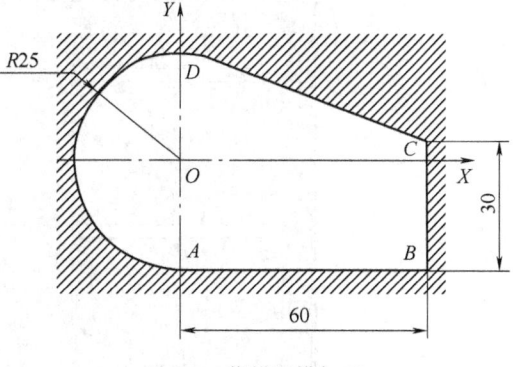

图 7-8　落料凹模加工

加工程序如下：

G92　X0　Y0
G41　D100
G01　X60000　Y - 25000
G01　X60000　Y5000
G01　X8456　Y23526
G03　X0　Y - 25000　I - 8456　J - 23526
G40
G01　X0　Y0
M02

任务准备

如图7-9所示的零件图，活扳手、内六角扳手、游标卡尺、百分表、划针各一件，毛坯（材料为T10，尺寸为120mm×80mm×5mm）一块，汉川HCKX250型电火花线切割机床。

任务实施

本次任务的重点在于利用ISO代码编制零件加工程序。工件的装夹、找正与电参数的选择等内容前面已详细讲解，此处不再赘述。

1）分析图样、确定加工路线。按照O→I→A→B→C→D→E→F→G→H→I→O的顺序加工，设定电极丝直径为φ0.18mm，单边放电间隙为0.01mm。

2）接通电源，打开机床控制计算机，双击"Wirecut"图标进入加工系统主界面，如图7-10所示。

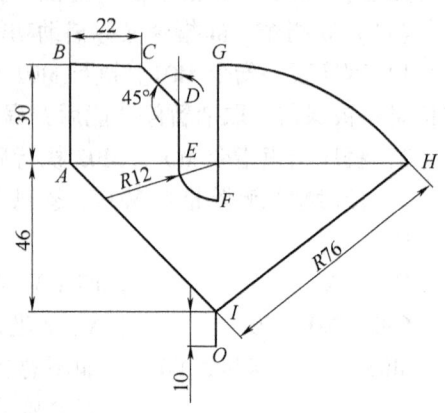

图7-9 零件图

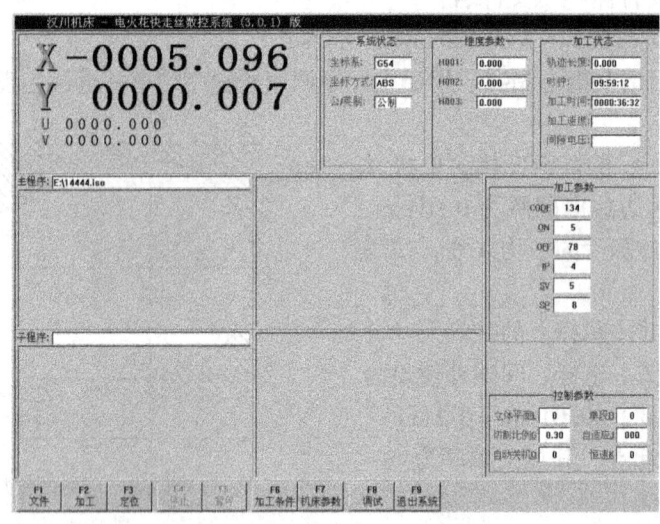

图7-10 线切割加工系统主界面

3）单击"F1文件"主菜单，即可进入线切割文件操作界面，如图7-11所示。在该界面可分别对主程序（用于跳步模的加工，可以在一个工件上加工多个外形或孔）及子程序（单个外形或孔的加工）文件进行调用、存盘、编译操作。

4）在"子程序"下面的空白处录入ISO程序，录入过程中可以单击"编译"实时查看程序对应的图形。录入完毕，检查无误后，单击"存盘"保存文件。

5）再单击"F2加工"主菜单，弹出"加工"主界面，如图7-12所示。选择"程序加工"，弹出如图7-13所示的程序加工界面。

单元7 ISO 代码编程

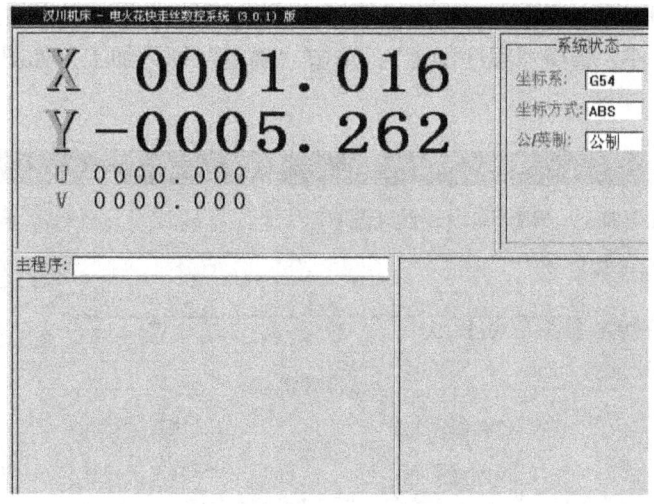

图 7-11 线切割文件操作界面

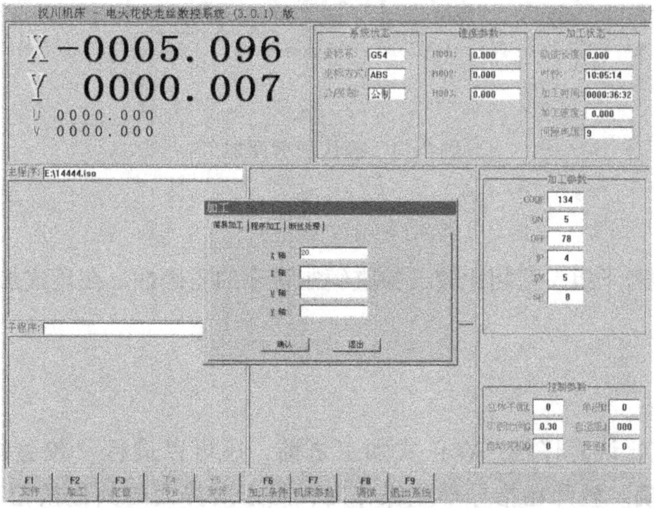

图 7-12 加工主界面

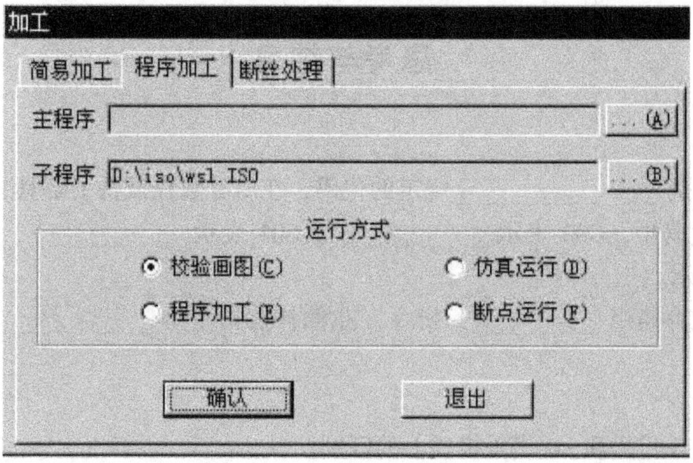

图 7-13 程序加工界面

6）单击"子程序"后的按钮或用快捷键"B"，系统弹出"程序加工"对话框，找到步骤 4 中存盘的文件，选择"程序加工"，单击"确定"即可加工，如图 7-14 所示。

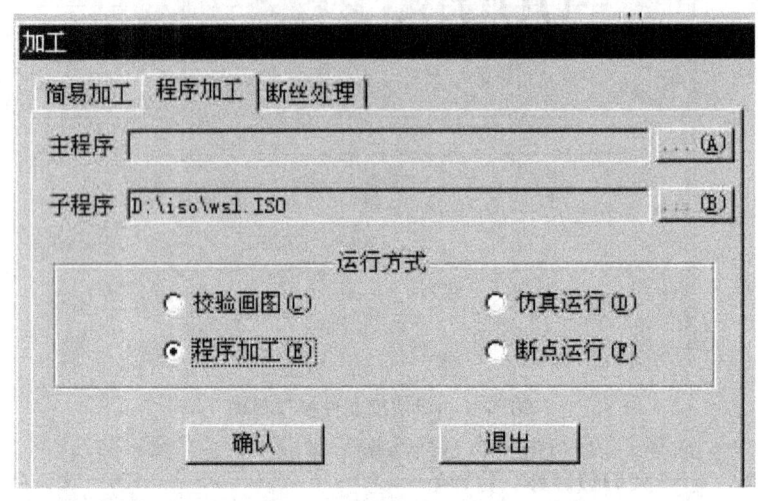

图 7-14　确认"程序加工"

检查评议

学生可以分成若干组，互相比较、检查编制程序的正确性。在正式加工前，再请实习老师审核。

问题及防治

程序录入一定要认真仔细。在正式加工之前，还可以进行"校验画图"或"仿真运行"，确保程序正确。教师在指导学生操作时，可以对界面的其他按钮及其功能做详细讲解，然后指导学生反复操作，以达到熟练掌握的目的。

思考与练习

一、填空题

1. ISO 代码是_____规定的代码，在所有数控设备上都具有_____。
2. 在 ISO 代码中，G00 表示_____，G01 表示_____，圆弧加工指令用_____表示。
3. 取消间隙补偿用_____指令，左偏补偿指令是_____，右偏补偿指令是_____。

二、简答题

1. 试比较 ISO 代码和 3B 代码格式上的区别。
2. 试说出 5 个 ISO 代码的含义。

三、操作题

如图 7-15 所示的 φ50mm 圆凸模，切入长度为 5mm，间隙补偿量 $f = 0.1$mm，用 ISO 格式编制其线切割程序。

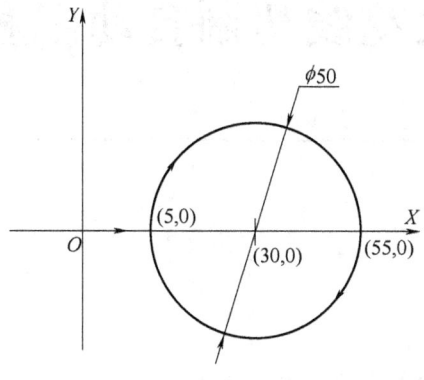

图 7-15　圆凸模

单元8 电火花线切割自动编程简介

知识目标

♪ 了解常见自动编程软件的种类、应用方法。

技能目标

♪ 熟练运用自动编程软件对复杂工件进行编程、加工。

任务描述

在单元6和单元7中介绍了3B编程和ISO代码编程。利用这些指令,可以对简单的零件进行手工编程。但实际上,很多零件图较复杂,且并不都是规律的直线或圆弧,利用手工编程变得很困难,甚至不可能完成。例如一个简单的齿轮零件(见图8-1),由于存在渐开线曲线,且节点众多,手工编程就很难编制其程序。这时,利用自动编程软件自动生成程序便成为唯一且非常快捷的选择。

任务分析

自动编程系统是通过绘制零件二维平面图形,利用软件再生成其线切割加工程序的一个体系。本任务通过齿轮零件这个实例,详细讲解了其绘图方法、定义加工路径和自动生成程序的方法。最后,利用自动生成的程序完成零件的加工。

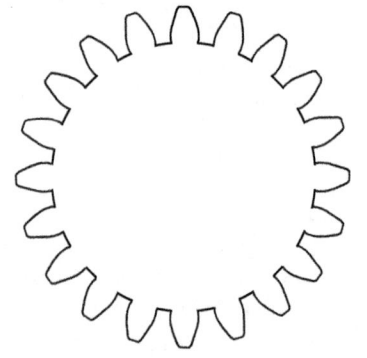

图8-1 齿轮零件图

相关知识

目前生产中使用的编程软件很多,估计不下几十种。较为常见的有:WAutop线切割5.0、Ycut线切割编程轻巧版5.0、线切割看图先锋1.23、Towedm线切割编程系统2.93、Autop+DXF线切割软件9.0、阿松线切割软件全集2.00、Autop+线切割编程系统4.44、KS线切割编程系统2.49等。虽然软件种类很多,但其操作方法、设计思想大同小异,基本上都是先利用类似AutoCAD的软件绘制零件平面图,再设置加工路线、定义加工参数,这样系统就能自动生成图形对应的线切割指令文件。将文件存盘,加工时跳入相应的文件即可实

单元 8 电火花线切割自动编程简介

施加工。

下面以生产中最常见的 AUTOP 线切割编程系统为例进行介绍。AUTOP 自动编程系统，是以计算机为控制中心，在中文交互式图形线切割自动编程软件的支持下，用户利用键盘、鼠标等输入设备，按照屏幕菜单的显示及提示，只需将加工零件图形画出来，系统便可立即生成所需要的数控程序。这个自动编程软件具有丰富的菜单，兼有绘图和编程功能。它可绘制出非圆曲线（如抛物线、椭圆、渐开线、阿基米德螺旋线、摆线）等组成的任何复杂图形。任一图形均可窗口建块，局部或全部放大、缩小、增删、旋转、对称、平移、复制、打印输出。对屏幕上绘制的任意图形，系统软件快速对其编程，并可进行旋转、阵列、对称等加工处理，同时显示加工路线，进行动态仿真，数控程序还可以直接传送到线切割控制主机。其操作步骤如下：

1) 进入"AUTOP"界面。打开计算机，光标移到"AUTOP 绘图"，按回车键显示：
————自动编程软件————
AUTOP 主菜单
    0·退出
    1·输入文件名
输入文件名 =

2) 输入文件名。零件名称为 CHILUN，按"1"键，机器提示如下：
输入文件名 = CHILUN　　（按回车键）

3) 进入图形界面，AUTOP 屏幕结构如图 8-2 所示。从图中可以看出，屏幕分四个窗口区间，即图形显示区、可变菜单区、固定菜单区和会话区。移动鼠标，在所需的菜单位置上按回车键，则选择了某一菜单操作。

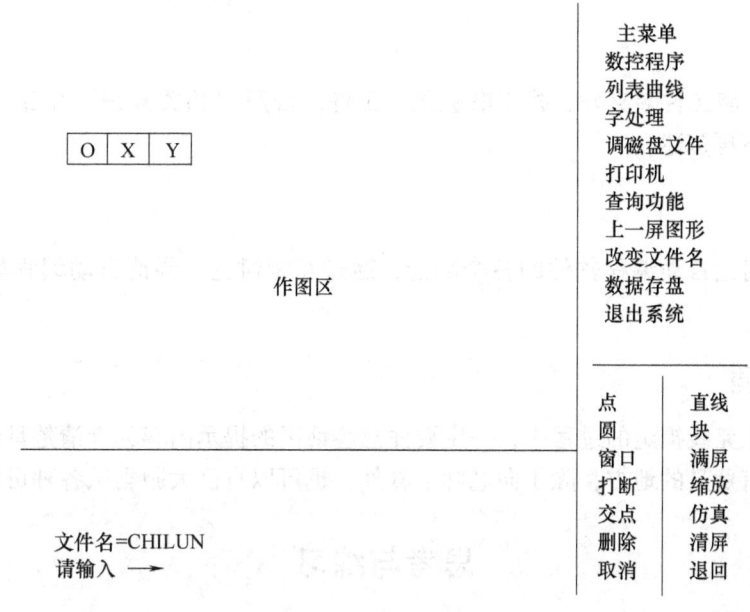

图 8-2 AUTOP 屏幕结构

4) 绘制齿轮。选中"列表曲线"菜单，按回车键，再在子菜单中选中"渐开线齿轮"，即可进行齿轮绘制。具体的齿轮绘制方法在会话区有提示，按照提示一步一步操作便可绘制齿轮。

5）绘制引入线。利用菜单中的"直线"命令绘制引入线。

6）设定加工路线。绘图结束后，依次单击"数控程序"→"加工起始点"，在会话区提示：

起始点 < X，Y > =

在作图区选择加工起始点即可。再按照提示，选择"加工方向"（作图区会显示加工方向的箭头），设定"尖点圆弧半径"值（一般取比间隙补偿值略大即可）。接着会提示"1.3B/2.4B/3.ZXY"，要求选择生产程序的格式类型，可以按"1"键选择3B格式。最后，屏幕提示"间隙<左正右负>"，输入合适的补偿值，按左正右负原则确定正负号。至此，加工路线设定完毕。

7）数据存盘。按"退回"键，返回到如图8-2所示的主界面。选择"数据存盘"→"退出系统"后退出系统。自动生成的程序文件存放在模拟路径下。

8）模拟切割和加工。至此，后面的操作和手工编程一样，先利用"模拟切割"对"CHILUN.3B"文件进行仿真验证，确认无误后利用"工件加工"正式加工。

上面以齿轮加工为例，对自动编程作了简略的介绍。绘图和路径设定中还有很多其他命令，由于篇幅有限，不作逐个说明。在学习的时候，同学们可以把所有的菜单都打开，看提示弄清楚含义。再勤加练习，即可快速地掌握其操作。

任务准备

齿轮零件图（见图8-1），模数为2、齿数为20的标准直齿圆柱齿轮，60mm×60mm板件，冬庆DK7732型快走丝线切割机床。

任务实施

起动机床，将工件装夹好，找正电极丝、工件。按照"相关知识"中给出的步骤一步步实施，此处不再赘述。

检查评议

可以分组讨论自动编程软件的各个功能，通过互相讨论，弄清自动编程软件的基本功能。

问题及防治

绘图和加工路线拟定的过程中，一定要注意会话区的提示内容，弄清楚具体含义，按提示操作。对于有疑义的地方，除了向老师请教外，也可以自己大胆尝试各种可能。

思考与练习

一、填空题

1. 自动编程系统是通过绘制零件_____，利用软件再生成_____的一个体系。

2. AUTOP 自动编程系统，是以_____为控制中心，在中文交互式图形线切割自动编程软件的支持下，用户利用_____等输入设备，按照屏幕菜单的显示及提示，只需将_____画出来，系统便可立即生成所需要的数控程序。

二、简答题

1. 常见的自动编程软件有哪些？简述自动编程的一般流程。
2. 试比较自动编程和手工编程的优缺点。

三、操作题

利用自动编程软件加工图 7-9 所示零件，并比较系统自动生成的程序和手工编制程序的异同。

单元9 数控电火花线切割的一般加工方法

知识目标

- ♪ 了解穿丝点的确定方法
- ♪ 了解加工路径的选择原则
- ♪ 了解复合模加工的分类及一般流程
- ♪ 了解锥度加工的实现原理

技能目标

- ♪ 能利用手工编程和自动编程进行单个形状零件的线切割加工
- ♪ 会进行复合模的线切割加工
- ♪ 会进行锥度的线切割加工

任务1 切割单个形状零件

任务描述

如图9-1所示为一凸模零件的零件图，厚度为100mm，材料为普通模具钢。试写出其加工工艺流程，并利用3B手工编程和自动编程软件进行编程加工。

任务分析

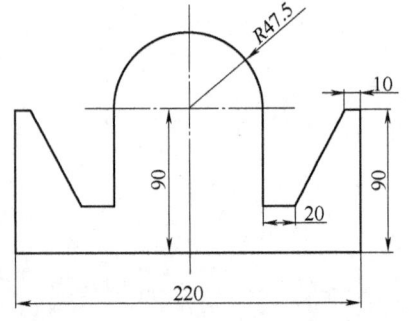

图9-1 凸模零件图

图9-1所示零件由单个封闭图形组成，我们可以把它称作单个形状零件。单个形状零件的加工，主要是指单个凸、凹模的加工及其形状的加工。在加工这些零件时，首先应对穿丝孔、加工路径做出选择，再利用手工编程或编程软件编制加工程序，最后选择适当的电加工参数进行加工。

单元 9 数控电火花线切割的一般加工方法

 相关知识

数控快走丝电火花线切割加工的路径设置，主要包括穿丝孔的确定与加工路径的选择两个方面。通过选择合适的穿丝孔和加工路径的优化，可以改善切割工艺，提高切割质量和生产率。

1. 穿丝孔的确定

不同的工件，穿丝孔位置的选择不尽相同。

1）当切割带有封闭型孔的凹模工件时，对于小的型孔切割，穿丝孔可设在型孔中心，这样可准确地加工穿丝孔，如图 9-2 所示。对于大的型孔切割，穿丝孔可设在靠近加工轨迹的边角处，注意无用的切入行程不要太长，否则浪费加工时间，如图 9-3 所示。

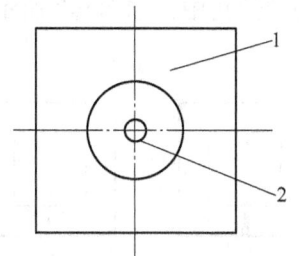

图 9-2 穿丝孔选在型孔中心
1—凹模 2—穿丝孔

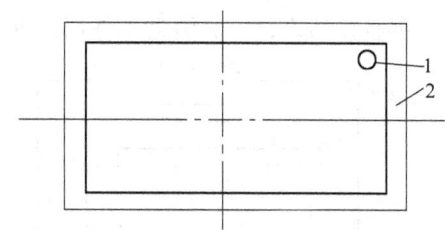

图 9-3 穿丝孔选在工件轨迹附近
1—穿丝孔 2—凹模

2）在切割凸模外形时，应将穿丝孔选择在型面外，工件毛坯内。一些模具制造者在切割凸模类外形工件时，为了图省事，往往不加工穿丝孔，直接从材料侧面切入（见图 9-4），这样在切入处会产生缺口，残余应力从切口向外释放，易使凸模发生变形。最好的方法是在工件内部加工穿丝孔，从工件内对凸模进行封闭切割，如图 9-5 所示。这样，由于工件没有切开，应力变形要小很多。切割窄槽时，穿丝孔应设在图形的最宽处，不允许穿丝孔与切割轨迹发生相交现象。切割大型凸模或者较厚工件时，可沿加工轨迹设置数个穿丝孔，以便切割中发生断丝时能够就近重新穿丝，继续切割。

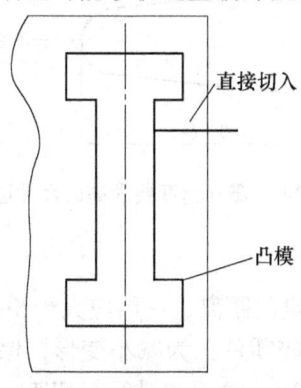

图 9-4 由外直接切入

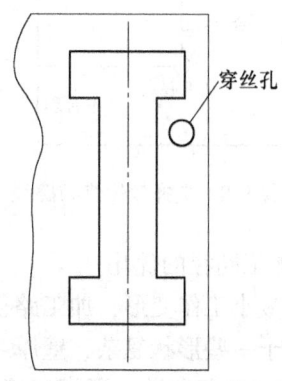

图 9-5 从工件内切入

穿丝孔的直径大小要适宜，一般为 φ2～φ8mm。若孔径过小，既增加钻孔难度又不方便穿丝；若孔径太大，则会增加钳工工作量。如果要求切割的型孔数较多，孔径太小，排布较密，应采用较小的穿丝孔，以避免各穿丝孔相互打通或发生干涉现象。

2. 加工路径的优化

电火花线切割加工路径的合理与否关系到工件变形的大小。因此，优化加工路径有利于提高电火花线切割加工质量、缩短加工时间。加工路径的安排应避免工件在加工过程中应力变形的影响，并遵循以下原则。

（1）加工起点的确定

1）一般情况下，最好将加工起点安排在靠近夹持端，将工件与其夹持部分分离的切割段安排在加工路径的末端，将暂停点设在靠近坯件夹持端部分。如图9-6所示，选择 A→B→C→D→E→F→G→H→I→J→K→L→A 路线加工变形较小。

2）加工路径的起始点应选择在工件表面较为平坦、对工件性能影响较小的部位。对于精度要求较高的工件，最好将加工起点取在坯件上预制的穿丝孔中，如图9-7所示。不可从坯件外部直接切入，以免引起工件切开处发生变形。

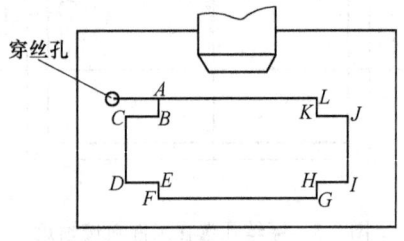

图9-6 加工方向选择

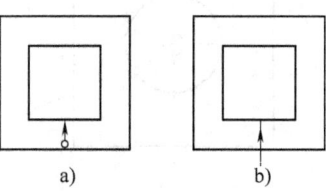

图9-7 加工起点的选择
a）合理 b）不合理

（2）进刀点的确定

1）从加工起点至进刀点的路径要短，如图9-8所示。

2）进刀点从工艺角度考虑，放在棱边处为好。

3）进刀点应避开尺寸精度要求高的地方，如图9-9所示。

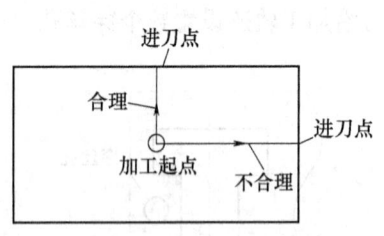

图9-8 选择较短进刀路线

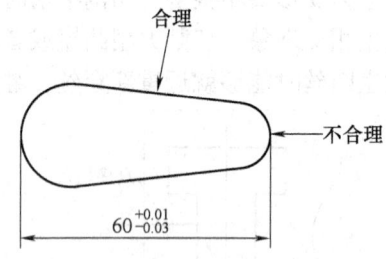

图9-9 避开精度要求高的尺寸进刀

（3）加工路径的优化

1）为减小工作变形，加工路径与坯件外形应保持一定的距离，一般应大于5mm。

2）对于一些形状复杂、壁厚或截面变化大的凹模型腔零件，为减小变形，保证加工精度，宜采用二次切割法。通常，精度要求高的部位留 2~3mm 余量先进行粗切割，待工件释放较多变形后，再进行精切割至要求尺寸。若为了进一步提高切割精度，在精切割之前，留 0.20~0.30mm 余量进行半精切割，即为三次切割法，第一次为粗切割，第二次为半精切割，第三次为精切割。这是提高模具线切割加工精度的有效方法，如图9-10所示。

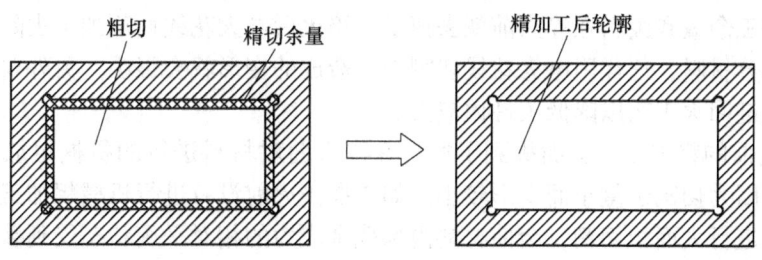

图 9-10 分粗、精加工减少变形

3）电极丝是个柔性体，加工时受放电压力、工作液介质压力等的作用，会造成加工区间的电极丝挠曲，滞后于上、下导丝口一段距离，在进行拐角切割时，会抹去工件轮廓的尖角造成塌角，如图 9-11 所示。为防止塌角，在路径优化上可采用以下方法。

a）在外面的余料上过切，即沿原程序段多切一段距离，再原路返回，在这个过切过程中，电极丝已回直则可加工出尖角。如图 9-12 所示的 A_1-A_2 段，使电极丝切割的最大滞后点达到程序 A_1 点，然后再前进到附加点 A_2，并返回至 A_1 点，接着再执行原程序，便可切割出尖角。

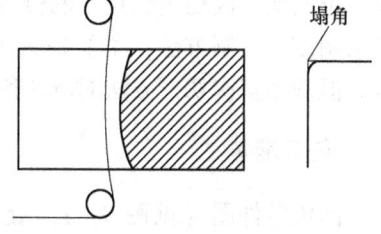

图 9-11 电极丝滞后造成塌角

b）增加附加程序的加工路径，便可切割出清晰的尖角，如图 9-13 所示。

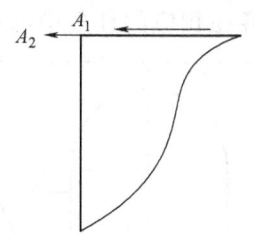

图 9-12 在外面的余料上过切

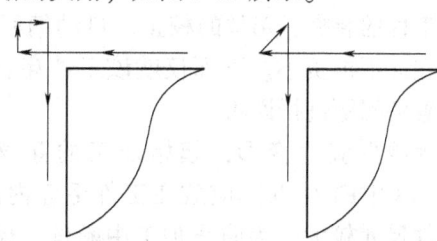

图 9-13 增加附加程序切割尖角

4）若发现图样要求的内圆角半径小于切割时的偏移量，将会造成圆角处出现"根切"现象。因此，应明确图样轮廓中最小圆角必须大于最后一遍修切的偏移量，否则应选择直径更小的电极丝。

3. 加工工艺的选择

线切割加工在工件上产生切缝，原有的应力平衡被破坏。为了达到新的应力平衡，工件必然会出现一定变形。对于精度要求高的零件或易变形零件（如壁厚较薄的工件），除了对穿丝点、加工路径进行合理选择以外，还应采取预备热处理、安排多次切割来尽量减少变形。

（1）安排合理的加工工艺　钢材料工件的加工路线一般是：下料→锻造→退火→机械粗加工→淬火与回火→磨削加工→电火花线切割加工→钳工修整。因为应力是材料内固有的，它随强度和硬度的提高而加大。所以材料在淬火工艺环节，内部残余应力会显著地增加，材料会发生较大变形，并达到应力平衡状态。因为淬火前对加工部位进行了机械切削加工,大量的加工余量和废料在淬火前就去掉了,淬火后电火花线切割加工去除的是达到应力平衡的一小部分材料,这样因电火花线切割加工造成的变形就会很小。另外要改进热处理工艺,主要是改进回火工艺以降低工件内应力。

(2) 切割前的粗加工　上面提到了通过在淬火前对材料进行的机械粗加工,在电火花线切割加工中因为切割余量小而变形较小。如果在淬火前没有进行机械粗加工,需要在一块淬硬的材料上进行大面积切割,会使材料内部残余应力的相对平衡状态受到破坏,材料会产生很大的变形。可以先消除材料的大部分应力,办法是进行粗加工,把大部分的余量先去掉。拿到一个形状已很接近于最终工件,且已不具有很大变形能力的新毛坯,如果再附以高低温的时效处理,材料变形就可彻底解决。

(3) 多次切割　有的工件在采取某些措施后,仍有一些变形,为了满足工件的精度要求,可改变一次切割到尺寸的传统习惯,采用多次切割的方法。数控快走丝电火花线切割加工采用多次切割方法,主要是为了达到更小的表面粗糙度值,这种方法在实际应用中并不多。但采用多次切割方法对减小因应力问题带来的模具零件变形有很重要的实际意义。

任务准备

凸模零件图（见图9-1）,处于正常工作状态的线切割机床、钻床、游标高度卡尺、300mm×200mm方形工件。

任务实施

工件的装夹、钼丝的校正、自动编程或3B编程等内容在相应的任务中已做过详细讲解,在此不再赘述。下面仅就该工件穿丝中应注意的问题进行说明。

为减少应力变形,起始加工的穿丝点（图9-14中的O点）应放在工件毛坯内部。该工件尺寸较大,为防止加工中断丝,最好在加工轨迹上设置若干个穿丝点,如图9-14所示的A、B、C三个工艺穿丝点。这样一旦发生断丝,就不必都回到O点,而是可以选择返回就近的穿丝点后继续加工。当然,在三个工艺穿丝点处还应增加附加程序以实现连续加工。

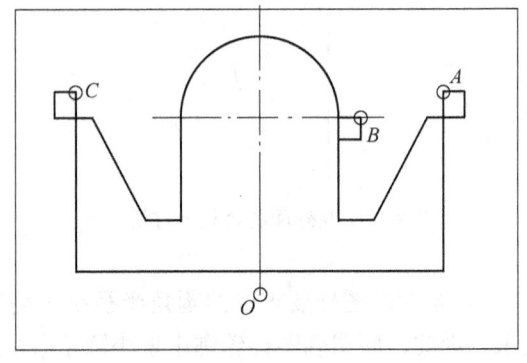

图9-14　设置工艺穿丝点

检查评议

实习指导教师应对全过程进行把关。特别对于A、B、C三个工艺穿丝点的处理,鼓励学生独立思考,给出解决方案,然后老师对各种方案的注意事项、优缺点进行点评,让学生深刻理解相关操作。

问题及防治

可以利用自动编程和手工编程来编制程序。需要注意的是,如果利用自动编程,由于在

A、*B*、*C* 三个工艺穿丝点处存在多个路径分支，应注意加工路径的合理选择。手工编程则要在工艺穿丝点处添加若干附加程序段。

任务 2 切割复合模零件

  任务描述

加工如图 9-15 所示复合模零件，其中内花键模数为 1.5，压力角为 30°，齿数为 12，外轮廓由 *R*14、*R*38、*R*8 三段圆弧组成。

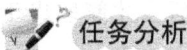 **任务分析**

图 9-15 所示零件包含一个型腔（12 齿花键）和外轮廓。在加工这个零件时，显然应先加工内型腔，再加工外面的曲线轮廓。在加工完内花键后，应能实现电极丝从当下穿丝点空走到外轮廓穿丝点，这样才能保证内、外轮廓的相对位置关系。

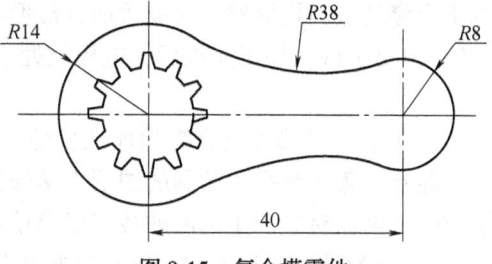

图 9-15 复合模零件

 相关知识

1. 复合模的定义

复合模也称凸凹模，它由两个或两个以上具有一定位置关系的封闭轮廓构成。在线切割加工中，根据加工工艺的不同，可以把复合模分为两类：型腔＋型腔类复合模（见图 9-16）和型腔＋外形类复合模（见图 9-17）。为了保证它们的位置关系，线切割必须在一个主程序中完成全部加工。

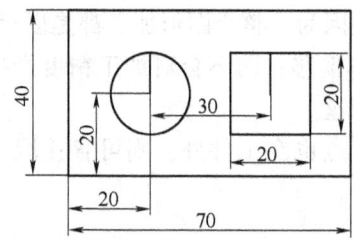 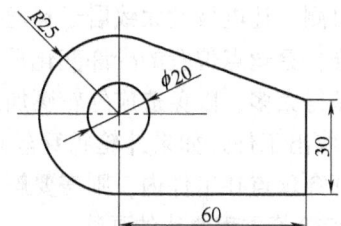

图 9-16 型腔＋型腔类复合模   图 9-17 型腔＋外形类复合模

2. 复合模加工的一般步骤

（1）型腔＋型腔类复合模的加工步骤 这类复合模，型腔和型腔之间有位置尺寸要求，同时型腔和工件本身也有定位尺寸。这样在加工时，就需要保证加工基准和定位基准重合。因而精确找正工件和电极丝是整个加工的重点。

1）钻穿丝孔。以图 9-16 所示零件为例，在已有工件上需加工一个圆形孔和一个方形孔。在加工之前应首先进行钻孔，由于圆孔和工件外形有位置尺寸要求，用游标高度卡尺划线时应谨慎小心，力求准确；钻孔时应使钻头中心准确对正划线交点；而对于方形型腔的穿丝孔，它的位置是由定位中心距 30 保证的，故划线、钻孔的精度要求可降低一些，只需保证加工它时，电极丝能顺利穿过穿丝孔即可。

2）工件装夹、找正。对于定位精度要求高的工件，在装夹时必须用百分表找正工件，保证工件侧面平行于 X 轴，上、下面和电极丝垂直。

3）生成加工程序。复合模的程序由若干个子程序组成，每个子程序对应单个封闭轮廓的加工。

4）加工。选择合适电加工参数，进行加工。为了保证电极丝在穿丝孔中心，穿好丝后，必须利用自动找正功能找正中心。在加工圆形型腔前，应首先进行电极丝中心的找正；在加工完圆孔之后，机床会暂停，此时应将电极丝摇到丝筒边缘，解开电极丝；再让机床空走到下个穿丝点，再穿丝，完成后面方形型腔的加工。

5）取出工件。加工完成后，电极丝处于工件型腔内，必须解开电极丝后，才能取出工件。

(2) 型腔+外形类复合模的加工步骤　这类复合模，型腔和外形都需要加工，型腔和外形的相互位置关系是由绘制的图形直接保证的，其加工以内部型腔穿丝点为基准，与设计基准重合，因而对其加工之前的找正要简单很多。

1）钻穿丝孔。根据毛坯大小及装夹方案，划线选择合适的穿丝点。以图 9-17 所示零件为例，可以选择毛坯底面为基准，高 28mm 处划线；再以左侧面为基准，高 28mm 处划线；其交点即为内孔加工的穿丝点。至于外轮廓，如果精度要求不高，可以不用在工件内部钻穿丝孔，由工件外直接切入亦可。

2）工件装夹、找正。由于整个加工基准重合，其装夹、找正要求都要低很多，可以用角度尺靠工件来大致找正，保证在加工外轮廓时电极丝能够穿丝即可。注意，装夹位置不要干涉外轮廓穿丝点。

3）生成加工程序。同样，该复合模是一个主程序，包含若干子程序。

4）加工。与型腔+型腔复合模不同，在内孔加工时，电极丝不必自动找中心，而是可以利用目测，让电极丝大致居于穿丝孔中心即可。这是因为，整个图形加工都是以穿丝孔本身为基准，穿丝点位置的少许变化只会带来图形的整体偏移，而不会对加工精度产生影响。但不可差得太多，以免造成外轮廓加工的穿丝孔不能穿丝。

5）取出工件。如果外轮廓穿丝点在工件外，切出点也在工件外，则可直接取下工件；若外轮廓穿丝点在工件内，则需要解丝后方能取下工件。

3. 齿轮等方程曲线的画法

本任务给出图形中，除了圆弧外，还包含一个齿轮图样。由于它既不是直线，也不是圆弧，显然用手工编程无法写出其线切割程序，只能用绘图软件绘制图形后自动生成程序。对于这样的图形怎样绘制呢？实际上，各个自动绘图软件都给出了常见方程曲线的画法。例如冬庆 DK7725 型快走丝线切割机床利用渐开线曲线绘制齿轮，而汉川 HCKX250 型线切割机床绘图软件本身包含齿轮绘制快捷按钮，只需定义相关齿轮参数即可绘制齿轮。

任务准备

零件图（见图 9-15），划线用游标高度卡尺，钻床，游标卡尺，70mm×40mm 板件一块，线切割机床一台。

任务实施

1) 钻穿丝孔。按图 9-18 所示划线,钻穿丝孔,穿丝孔直径可选择 φ4mm。
2) 工件装夹、找正。零件属于型腔+外形复合模,对于工件,电极丝找正要求不高。零件外轮廓精度要求不高,可以直接从工件外切入。工件装夹时注意不要和外轮廓穿丝点发生干涉,如图 9-19 所示。

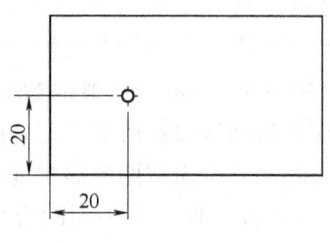

图 9-18 钻孔划线

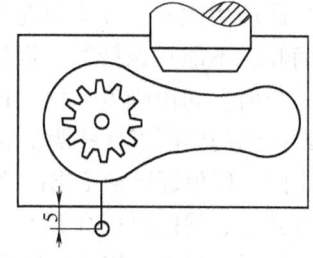

图 9-19 装夹

3) 绘图、生成程序。分别以冬庆 DK7732 型和汉川 HCKX250 型两种机床绘图系统讲解。
4) 加工。检查无误,开机加工。
5) 取出工件、检测尺寸。

检查评议

实习过程中,老师可以将学生分为若干组,分别采用不同的机床系统绘图、生成程序。复合模零件加工存在多个相互关联的图形,且中间要多次下丝、上丝,步骤比较复杂,老师应对学生的整体加工方案进行检查、把关。

问题及防治

相对于单个形状零件的加工,复合模零件由于存在多个具有相互位置要求的轮廓,因而穿丝、找正时定位精度的要求比较高。在加工之前,一定要通盘考虑,装夹位置、穿丝点、加工路径等都要合理选择,否则可能会给后续加工带来困难。

任务 3 切割锥度

任务描述

切一带锥度凹模零件,要求上小下大,底面尺寸如图 9-20 所示。工件厚 30mm,切割锥度为 1.5°。

任务分析

要利用线切割完成锥度加工,显然上下导轮必须相对运动,使电极丝形成所需的锥度。

本任务即是通过对图 9-20 所示零件的加工，介绍锥度加工的原理及其实现方式，以及相关的高度参数是如何设置的。

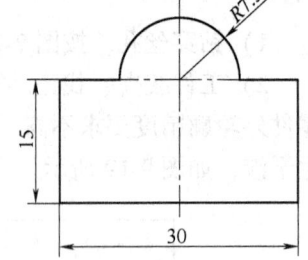

图 9-20 带锥度凹模零件

 相关知识

1. 锥度加工的实现机理

要在线切割加工中实现锥度切割，就应想办法让电极丝能相对于工件面产生倾斜，而不再是传统的垂直穿越。当然，丝与工件面间倾斜不能只保持某一固定的倾斜方向，因为这样最多只能在一个面上切出锥度，而当改变加工方向后则可能得不到锥度，或得到的锥度不是所期望的。真正的锥度切割应能自动地根据所加工的方向随时改变其倾斜方向，以保证所加工出的锥度工件在锥度范围内的每一个横截面的形状都是按一定比例缩放得到的。就像图 9-21 所示的圆锥台零件和棱锥台零件一样，在不同的方位上丝产生相对应的倾斜，加工出相对应的锥度。

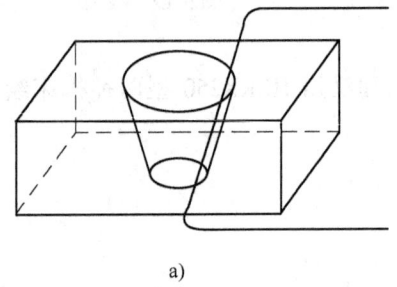 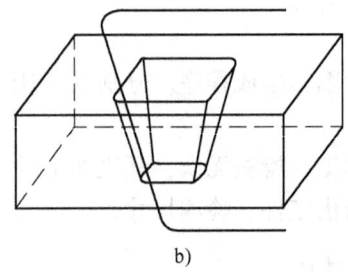

图 9-21 零件锥度切割
a) 圆锥台零件　b) 棱锥台零件

快走丝线切割机床的锥度切割通常是通过上导轮 U、V 方向的移动来实现的。当程序中有锥度切割指令或在控制系统中设置了锥度切割参数时，控制系统会控制上导轮在 U、V 方向移动到目标锥度，从而在工件上切割出相应的锥度。

锥度加工时从进刀线开始偏摆钼丝，到第二条路径时锥度偏到设定的数值。锥度加工结束后是在最后一条路径将钼丝摆回垂直位置的。

2. 锥度加工准备

（1）电极丝垂直　在加工前，要通过校正器或火花找正的方式使电极丝垂直。

（2）输入相应参数　不同的线切割系统，其高度设置内容不尽相同。例如，HCKX250 型快走丝线切割机床必须输入的数据包括：上导轮中心到工作台面的距离 H0001、工件厚度 H0002、工作台面到下导轮中心的距离 H0003，如图 9-22 所示。控制系统通过输入的参数自动计算 U、V 轴方向的偏摆值。而 DK7732 型数控线切割机床，不要求输入上导轮中心到工作台面的距离，而需要输入丝架距，即输入上、下导轮中心的距离。

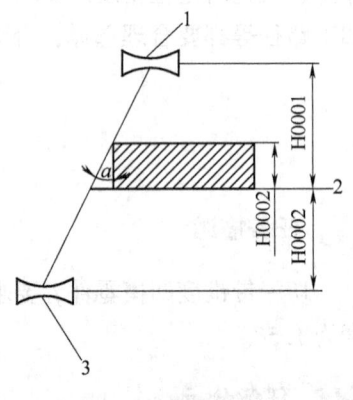

图 9-22 锥度参数
1—上导轮　2—工作台面　3—下导轮

（3）锥度加工的建立和退出

1) 在 ISO 编程体系中，锥度建立指令为 G51（锥度左偏）、G52（锥度右偏），退出锥度加工指令为 G50。A 为倾斜度数，单位是度（°）。

2) 程序段必须是 G01 直线插补程序段，分别在进刀线和退刀线中完成。

3) 锥度加工的建立是从锥度加工直线插补程序段的起始点开始偏摆电极丝，到该程序段的终点位置时电极丝偏摆到指定的锥度值。

4) 锥度加工的退出是从退出锥度加工直线插补程序段的起始点开始偏摆电极丝，到该程序段的终点位置时电极丝偏摆回到垂直状态。

只有做好上述准备，才能使工件加工得到正确的锥度。

3. 锥度加工的范围和误差

(1) 锥度切割范围　快走丝线切割机床的锥度切割范围一般为 ±6°/50mm。此值只适合于轮廓光滑连接的图形。对于轮廓不光滑连接的图形，在棱边锥角是相交两面的复合角，其值大于面上的锥角，因此当面上的锥角为 6°时，棱上的锥角将大于 6°。丝的运行精度取决于导轮槽 60°锥角及锥角底部 $R0.04 \sim R0.05$ 圆角的精度。例如四方切锥角为 6°时，棱上的锥角则为 8.792°，已超出 ±6°的切割范围，因此不能切出。

(2) 锥度切割误差　快走丝线切割机床是以导轮支撑高速运行的钼丝，当进行锥度加工时，其支撑切点随着锥度的形成会有较小的变化。因此，不可避免地会给切割带来误差。U 方向的误差主要来自导轮移动时切点的变化。V 方向钼丝偏摆时，钼丝受偏摆拉力作用，有沿导轮滑移的趋势，随着 U 轴的移动，这一拉力会在导轮槽内产生不同的趋势，产生不同的 V 方向误差，这一误差不易定量计算，只能作定性分析。由此可见，快走丝锥度切割误差是由导轮切点的变化而引起的，因此在进行锥度切割时，为尽量提高切割精度，可以沿棱线 45°方向进刀，或是将工件摆放成某一角度，以使导轮切点变化形成的误差在尺寸方向相互抵消，达到提高锥度切割精度的目的。

4. 变锥切割

(1) 变锥切割的定义　变锥切割指的是在工件的切割过程中，既有直线切割，也有锥度切割，而各方向的锥度也不一样，如图 9-23 所示。变锥切割常用于复合模具及电极切割。

(2) 变锥切割的加工　变锥切割加工时，需进行各锥面角度的设定。有的线切割系统在参数设定时，只能设定单一锥度值，对于变锥只能在相应的程序中进行必要的修改，具体操作应参照线切割机床的编程系统说明书。

有的线切割编程系统可以直接利用其图形处理软件对各面进行不同锥度的设置，直接导出程序进行加工即可，如 HCKX250 型线切割机床的 APT 图形处理软件。

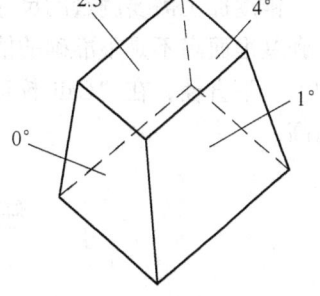

图 9-23　变锥切割加工

零件图（见图 9-20）、游标卡尺、50mm × 30mm 的板件一块、线切割机床一台（以 DK7732 型快走丝线切割机床为例）。

任务实施

1. 锥度参数设置

1) 开启计算机,进入绘图界面,按图9-20所示绘制图形,定义线切割加工路径。

2) 数据存盘之后,回退到主界面,进入模拟切割界面。

3) 找到刚才的文件,按"F3 参数"→"Grade 锥度值",进入锥度设置子菜单,如图9-24所示。

4) 在"Degree 锥度"中输入锥度值1.5°;在"Width 工件厚"中输入工件厚度30mm;在"Base 基准面高"中输入尺寸面(即工件底面)与下导轮中心的距离;在"Height 丝架距"中输入上、下导轮中心距离;在"Idler 导轮半径"中输入导轮半径。

锥度参数设置完毕后,按 ESC 键退出,按 F1 键、回车键,再按回车键,即可开始进行模拟切割。切割完毕,显示终点坐标值 X、Y、U、V。注意观察 U、V 轴切割中的最大移动距离,此数值不应超过 U、V 轴的最大允许行程。模拟切割结束后,按空格键、ESC 键返回主菜单。

Degree	锥度
File2	异形文件
Width	工件厚
Base	基准面高
Height	丝架距
Idler	导轮半径
Vmode	锥度模式
Rmin	等圆半径
Cali	校正计算

图 9-24 锥度设置子菜单

2. 正式切割

经模拟切割无误后,装夹工件,开启丝筒、水泵、高频,可进行正式切割。在主菜单下:

1) 选择加工#1,按回车键,显示加工文件。

2) 光标移到要切割的 3B 文件,按回车键,进入文件加工。

3) 各参数设置完毕,按 ESC 键退出。按 F1 键,按两次回车键,即可进行加工。

检查评议

可以分成若干组,每组测量并记录相关尺寸值,加工完成后,认真测量锥度值。然后交叉重复加工,进一步验证加工精度。

问题及防治

锥度加工需要测量的尺寸较多,教师应指导学生尽可能准确测量相关尺寸。在测量丝架距和基准面高不是很准确的情况下,可先切割出一带锥度的圆柱体,然后实测锥度、圆柱体的上、下直径,在"Cali 校正计算"中输入相应值,即可自动计算出精确的丝架距和基准面高。

任务4　加工上、下异形工件

任务描述

在实际产品的加工中,有时还会碰到上、下形状不同的零件。如图9-25所示为一上圆下方的零件,它是如何利用线切割来加工的呢?

任务分析

对于上、下异形工件,由于存在两个平面图形,显然应该有两个图形加工文件。对于图

9-25 所示零件，应该对上面的圆形和下面的四方图形分别绘图，生成两个加工文件。再通过"异形加工"这个工具，将两个加工文件调入到一个加工体系中。本任务即是解决如何调入文件、再协调上下图形进行加工等问题。

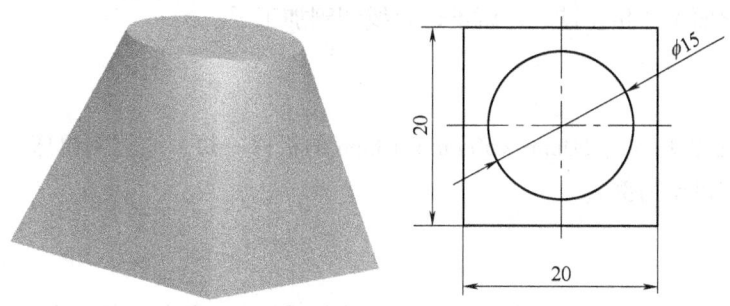

图 9-25　异形工件图

 相关知识

不同的线切割系统，对异形零件加工方法、步骤的规定也不尽相同。但是，一般而言，其原理都是一致的。下面我们以生产中最为常见的 DK7732 型数控快走丝线切割机床为例，对异形加工方法、原理进行详细讲解。

上、下异形工件的切割，加工过程中介绍上、下导轮电极丝势必将不断变换锥度。一般而言，是以下导轮中心为摇摆支点，通过上导轮上的 U、V 轴电动机驱动上导轮按图形特定要求相对下导轮运动，来实现上、下异形的加工。这个过程是动态进行的，一方面工件相对电极丝进行切割，另一方面上导轮相对下导轮不断变换位移量。

下面以图 9-26 所示上、下异形工件为例介绍具体操作。图 9-26 所示为一上表面为圆、下表面为正六边形的工件。异形切割时，须把工件的上、下面图形分别编程，生成两个 3B 指令文件，存放在图库（或硬盘、软盘）里。

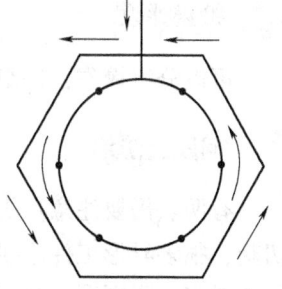

图 9-26　上、下异形工件

其操作步骤如下：

1）先调入六边形 3B 指令文件。

2）然后按"F3"键进入锥度设置子菜单，界面见图 9-24。

3）光标移到"File2 异形文件"，按回车键即可进入图库浏览文件。找到圆形图形的 3B 指令文件，选中后按回车键，再按 ESC 键退出，即可在加工界面中显示上面、下面两个图形叠加。

4）按"F1 start"，按两次回车键，即开始模拟切割。

需要注意的是，当上、下图形 3B 指令段数相同时，上、下图形的每段指令同步开始，同步结束；当上、下图形 3B 指令段数不相同时，还须在编程时对指令段数少的图形进行分段，使上、下图形指令段数相同，其对应位置可根据需要来确定。在图 9-26 中，就需要把圆的 3B 指令分成 6 段，从而和六边形指令段数一致。上、下异形加工时，上、下图形一定要从同一个起点加工，故两个图形引入线的长度要事先计算确定。且上、下图形加工方向要相同，不能一个图形顺时针加工，另一个图形逆时针加工。上、下异形工件模拟切割过程中，还应注意 U、V 轴的最大行程的数值不能超过机床 U、V 轴的实际最大行程，如果超过，则需要修改图样尺寸，重新编程或调低丝架高度。一般来说，同样的图形和同样的角度，丝架高度越低，U、V 轴的行程越小。当然，总的来说，适合线切割加工的锥度总是较小的，如果上、下异形面尺寸相差过大，就不适合线切割加工了。

任务准备

零件图（见图 9-25）、50mm×50mm×10mm 的板件一块、线切割机床一台（以 DK7732 型快走丝线切割机床为例）。

任务实施

1）分别绘图，给定加工路径，生成四边形和圆的 3B 指令文件，存入图库。注意：在绘制圆时，应对应于四边形顶点打断成四等份。

2）模拟切割，调入四方形 3B 指令文件。

3）按"F3 参数"进入锥度设置子菜单。

4）光标移到"File2 异形文件"，按回车键，找到圆的 3B 指令文件，按回车键，再按 ESC 键退出，即可在模拟切割界面中显示上、下面两个叠加图形。

5）按"F1start"，按两次回车键，开始模拟切割。

6）如果 U、V 轴最大行程都在机床允许最大行程内，即可开启工件加工进行实际加工。

检查评议

可以分组操作，每组进行模拟切割，然后相互检查。确认无误，再进行工件加工。

问题及防治

有两点需要注意：①只有上、下图形尺寸相差不大的情况下，才可以利用线切割作异形切割，很多异形工件用线切割是无法加工的；②特别注意要使上、下图形的段数相同，并且各点对应，否则图形会扭曲。

思考与练习

一、填空题

1. 不同的工件，穿丝孔位置的选择不尽相同。当切割带有封闭型孔的凹模工件时，对于小的型孔切割，穿丝孔可设在_____；对于大的型孔切割，穿丝孔可设在_____，注意无用的切入行程不要_____，否则浪费加工时间。

2. 复合模也称_____，它由两个或两个以上具有一定位置关系的封闭轮廓构成。在线切割加工中，根据加工工艺的不同，可以把它分为两类：_____和_____。为了保证它们的位置关系，线切割必须在_____完成全部加工。

3. 要利用线切割完成锥度加工，上、下导轮必须_____，使电极丝形成所需的锥度。

二、简答题

1. 如何选择穿丝孔？有哪些注意事项？
2. 简述复合模加工的流程。
3. 简述锥度加工和上、下异形工件加工的实现原理。

三、操作题

完成本单元图 9-16、图 9-17 所示复合模图形的加工。

下 篇

电火花成形技术

单元 10　电火花成形机床

知识目标

- ♪ 了解电火花的加工原理
- ♪ 了解电火花成形机床的型号
- ♪ 了解电火花成形机床的结构组成
- ♪ 了解电火花成形加工的特点与应用范围
- ♪ 了解电火花加工安全操作规程
- ♪ 掌握电火花成形机床的加工操作流程

技能目标

- ♪ 掌握电火花加工机床的基本操作方法
- ♪ 掌握电火花成形机床的维护保养方法

任务 1　认识电火花成形机床

 任务描述

如图 10-1 所示为电火花成形机床的基本组成。观察其结构，试分析其各部分功能。在实习教师指导下，开动机床，实施简单加工，了解其加工原理及操作流程。

 任务分析

本任务是以加工一个简单零件为例，对电火花成形机床的基本结构、种类、加工特点及操作流程等加以阐述，使初学者对电火花成形机床有一个基本认识。

相关知识

1. 电火花加工的原理

如图 10-2 所示是电火花加工的原理图。

自动进给调节装置能使工件和电极始终保持给定的放电间隙。脉冲电源输出的电压加在液体介质中的工件和电极上，当电压升高到间隙中介质的击穿电压时，会使介质在绝缘强度

单元 10 电火花成形机床

最低处被击穿,产生火花放电。瞬间高温使工件和电极表面都被蚀除掉一小块材料,形成小的凹坑。一次脉冲放电的过程可以分为:电离及放电、热膨胀、抛出金属和消电离等几个连续的阶段。如图 10-3 所示为放电过程中 4 个阶段放电间隙状态的示意图。

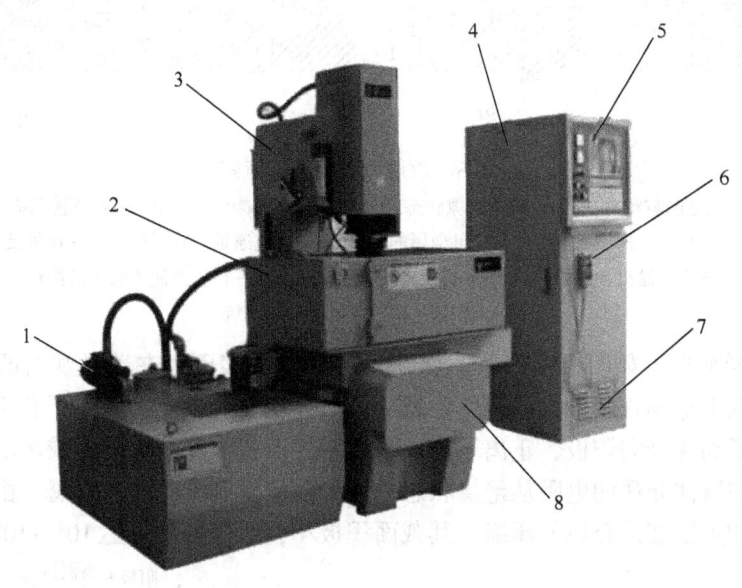

图 10-1　电火花成形机床基本组成
1—工作液循环系统　2—工作台及工作液箱　3—主轴头　4—数控装置　5—操作面板
6—手动盒　7—脉冲电源　8—伺服进给系统

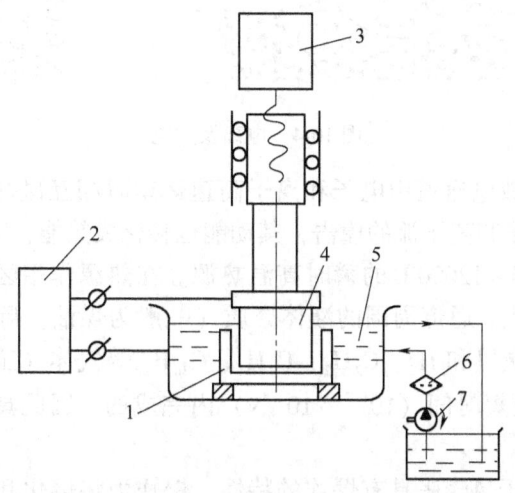

图 10-2　电火花加工的原理图
1—工件　2—脉冲电源　3—自动进给调节装置　4—电极
5—工作液　6—过滤器　7—液压泵

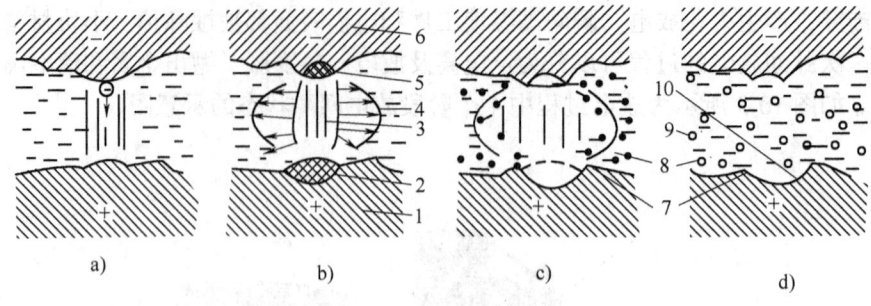

图 10-3 放电间隙状态示意图

a) 放电间隙状态一　b) 放电间隙状态二　c) 放电间隙状态三　d) 放电间隙状态四
1—正极　2—从正极上熔化并抛出金属的区域　3—放电通道　4—气泡　5—在负极上
熔化并抛出金属的区域　6—负极　7—翻边凸起　8—在工作液中凝固的微粒
9—工作液　10—放电形成的凹坑

(1) 电离及放电　如图10-4所示，由于工件和电极表面存在着微观的凹凸不平，在两者相距最近的点上电场强度最大，会使附近的液体介质首先被电离为电子和正离子。在电场的作用下，电子高速奔向阳极，正离子奔向阴极，并产生火花放电，形成放电通道。在这个过程中，两极间液体介质的电阻从绝缘状态的几兆欧骤降到几分之一欧姆。由于放电通道受放电时磁场力和周围液体介质的压缩，其截面积极小，电流强度可达 $10^5 \sim 10^6 sA/cm^2$。

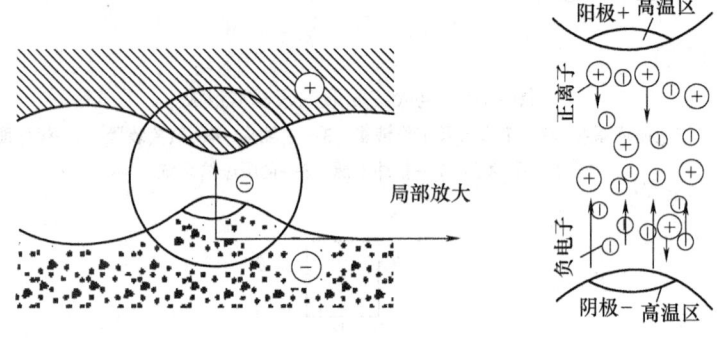

图 10-4 电离及放电

(2) 热膨胀　由于放电通道中电子和离子高速运动时相互碰撞，产生大量的热能。阳极和阴极表面受高速电子和离子流的撞击，其动能也转化成热能，因此在两极之间沿通道形成了一个温度高达10000~12000℃的瞬时高温热源。在热源作用区的电极和工件表面层金属会很快熔化，甚至汽化。通道周围的液体介质（一般为煤油）除一部分汽化外，另一部分被高温分解为游离的炭黑和 H_2、C_2H_2、C_2H_4、C_nH_{2n} 等气体（工作液变黑，在极间冒小气泡）。上述过程是在极短时间（$10^{-7} \sim 10^{-5}$s）内完成的，因此具有突然膨胀、爆炸的特性（可以听到噼啪声）。

(3) 抛出金属　由于热膨胀具有爆炸的特性，爆炸力将熔化和汽化了的金属抛入附近的液体介质中冷却，凝固成细小的圆球状颗粒，其直径视脉冲能量而异（一般为0.1~500μm），电极表面则形成一个周围凸起的微小圆形凹坑。

(4) 消电离　消电离是使放电区带电粒子复合为中性粒子的过程。在一次脉冲放电后应有一段间隔时间，使间隙内的介质来得及消电离而恢复绝缘强度，以实现下一次脉冲击穿放电。如果电蚀产物和气泡来不及很快排除,就会改变间隙内介质的成分和绝缘强度,破坏消电离过程,易使脉冲放电转变为连续电弧放电,影响加工。

一次脉冲放电之后,两极间的电压急剧下降到接近于零,间隙中的电介质立即恢复到绝缘状态。此后,两极间的电压再次升高,又在另一处绝缘强度最小的地方重复上述放电过程。多次脉冲放电的结果,使整个被加工表面由无数小的放电凹坑构成,如图 10-5 所示。电极的轮廓形状便被复制在工件上,达到加工的目的。

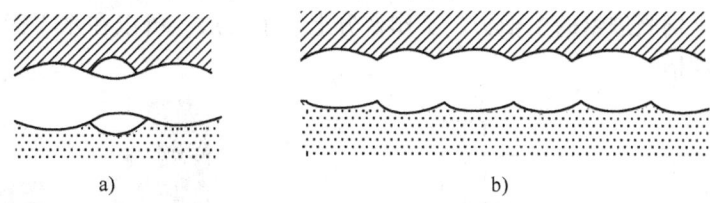

图 10-5 脉冲放电后的表面凹坑
a) 单个脉冲放电后的表面凹坑　b) 多个脉冲放电后的表面凹坑

要使脉冲放电能够用于零件加工,应具备下列基本条件:

1) 必须使接在不同极性上的电极和工件之间保持一定的距离以形成放电间隙。这个间隙的大小与加工电压、加工介质等因素有关,一般为 0.01~0.1mm。在加工过程中还必须用电极的进给和调节装置来保持这个放电间隙,使脉冲放电能连续进行。

2) 放电必须在具有一定绝缘性能的液体介质中进行。液体介质才能够将电蚀产物从放电间隙中排除出去,并对电极表面进行较好的冷却。

3) 目前大多数电火花成形机床采用煤油工作液进行穿孔和型腔加工。在大功率工作条件下(如大型复杂塑腔模的加工),为了避免煤油着火,采用燃点较高的机油或煤油与机油的混合液作为工作液。近年来,新开发的水基工作液可使粗加工效率大幅度提高。

4) 脉冲电流波形基本是单向的,如图 10-6 所示。放电延续时间 t_i 称为脉冲宽度,t_i 应小于 10^{-3}s,以使放电所产生的热量来不及从放电点过多传导扩散到其他部位,从而只在极小的范围之内使金属局部熔化,直至汽化。相邻脉冲之间的间隔时间 t_o 称为脉冲间隔,它使放电介质有足够的时间恢复绝缘状态(称为消电离),以免引起持续电弧放电,烧伤加工表面。T 为脉冲周期,$T = t_o + t_i$。

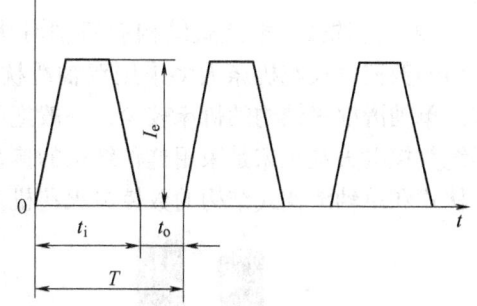

图 10-6 脉冲电流波形
t_i—脉冲宽度　t_o—脉冲间隔　T—脉冲周期
I_e—电流峰值

5) 有足够的脉冲放电能量,以保证放电部位的金属熔化或汽化。

6) 电蚀产物能及时排放至放电间隙之外。积累的电蚀产物(金属熔化物)会导致短路,或局部区域自行放电,因此电火花成形机床必须具备工作液的循环系统。

2. 电火花成形机床型号

电火花成形机床均用"DK71" + "机床工作台面宽度的1/10"表示。其中,D 表示电加工;K 表示数控;7 是组代号,表示电火花加工机床;1 是系代号,表示成形机床;××

是两位数字，表示工作台横向行程的 1/10。

如 DK7132 型电火花成形机床，即表示最大横向行程为 320mm 的电火花成形机床。

3. 电火花成形机床的主要结构形式

（1）固定立柱式（C 形结构）　固定立柱式是普通型电火花机床采用最多的结构形式。国产的数控电火花机床大部分采用这种结构形式，如北京凝华、陕西汉川等生产的数控电火花机床，如图 10-7 所示。这种机床结构简单，在床身基座上安装着立柱和工作台，立柱上安装着可以上、下伺服进给的主轴头。工作台分上、下两层，可以在水平面的 X、Y 方向移动，上面安装有油槽。

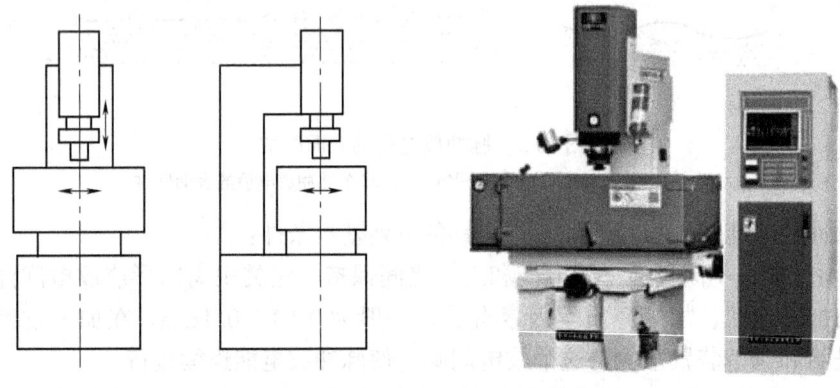

图 10-7　固定立柱式数控电火花机床

固定立柱式结构的优点是刚性好，结构较紧凑，比较容易制造和装配；缺点是在加工重大工件时，工作台的移动精度会受到影响，应确保工作台重心在各行程的任何位置都在支撑面以内。

（2）滑枕式　滑枕式结构有双轴滑枕式和单轴滑枕式，适用于中、大型电火花机床。新型的数控电火花机床大多采用双轴滑枕式结构，如日本沙迪克、瑞士夏米尔等生产的机床。单轴滑枕式结构的机床较少，一般把 Y 轴设计成滑枕做纵向移动。北京阿奇夏米尔 SE 系统数控电火花机床是采用这种结构的典型代表。如图 10-8 和图 10-9 所示分别为采用双轴滑枕式和单轴滑枕式结构的数控电火花机床。

 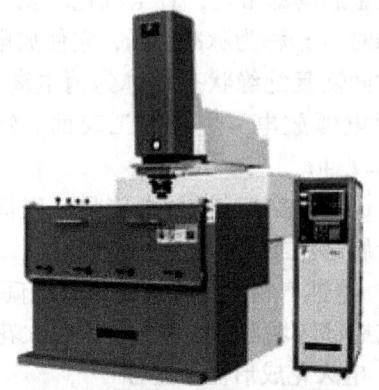

图 10-8　双轴滑枕式数控电火花机床　　　图 10-9　单轴滑枕式数控电火花机床

滑枕式结构的主要特点是工件安装在床身工作台上不移动,主轴头箱体安装在X、Y两个滑枕上,制造方便。由于主轴头在X、Y向滑枕上均呈悬臂状态,使主轴头在外悬伸长时刚性变差,移动精度下降。同时,因工作油槽尺寸大,电极装夹找正不方便。

(3)龙门式　龙门式结构做成龙门形式,工作台固定在床身上,主轴头可做左右水平、上下垂直运动,机床的横梁上可装设多个主轴头,以满足同时进行多处加工的要求;工作台沿床身长度方向移动,当装夹工件时,可将工件移出龙门框架,装卸方便。这种机床结构的刚性很好,能承受大型电极的重力,可做成大型电火花机床,适宜大型模具的加工。如图10-10所示为单主轴头的龙门式数控电火花机床。

总之,无论是哪种结构形式的电火花机床,其主要功能都是支承工具电极与工件,保证它们之间的相对位置始终能满足电火花放电所需要的最佳间隙,并按预定的运动轨迹移动,以完成工件的加工。

4．电火花机床的主要组成部分

如图10-11所示,数控电火花机床的主要组成部分包括机床主体、电源箱、工作液循环系统。有的机床还增添了一些附件,如ATC(自动电极交换装置)、C轴装置等。

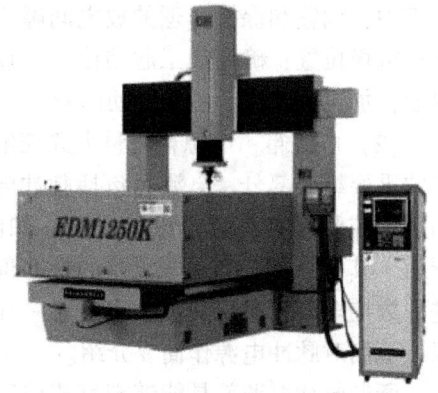

图10-10　单主轴头的龙门式数控电火花机床

(1)机床主体　数控电火花机床主体是其机械部分,用于夹持工具电极及支承工件,保证它们的相对位置,并实现电极在加工过程中的稳定进给运动。机床主体主要由床身、立柱、工作台、主轴头等部分组成(见图10-12)。

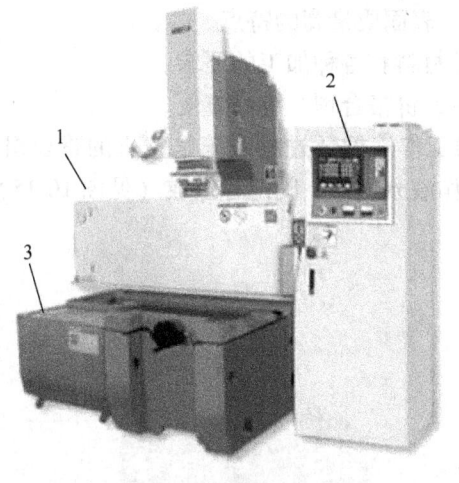

图10-11　数控电火花机床的主要组成部分
1—机床主体　2—电源箱　3—工作液循环系统

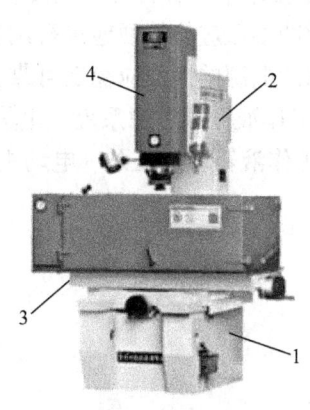

图10-12　机床主体的组成部分
1—床身　2—立柱　3—工作台　4—主轴头

1)床身和立柱。床身和立柱是数控电火花机床的基础结构。立柱作为构件安装在床身上,床身起到支撑作用。床身要求具有足够的刚性、抗震性好、热变形小、易于安装调整的特点。床身和立柱的制造和装配必须满足相应几何精度和力学精度,才能保证加工过程中电极与工件的相对位置,保证加工精度。

2) 工作台。工作台主要用来支承和装夹工件。工作台上装有工作液箱，用来容纳加工时的工作液，油箱门有侧开式和升降式，油箱门的密封装置应保证加工中工作液不向油箱外渗透。

3) 主轴头。如图10-13所示，主轴头是数控电火花机床的关键部件。它的功能是：在加工中，调整和保持合理的放电间隙；装夹和校正电极位置；确定加工起始位置，预置加工深度；加工到位后，主轴自动回升。

(2) 电源箱　电源箱是整个数控电火花机床的重要组成部分。电源箱包括脉冲电源、自动进给控制系统和其他电气系统，如图10-14所示。其中脉冲电源是电源箱的核心部分，先进的数控电火花机床其核心主要集中在脉冲电源。下面对脉冲电源作简要介绍。

所谓脉冲电源就是能够把直流或工频正弦交流电流转变成具有一定频率的脉冲电流，提供电火花加工所需要的放电能量的装置。脉冲电源对电火花加工的生产效率、表面质量、加工过程的稳定性及工具电极的损耗等工艺指标有直接影响，应予以足够的重视。

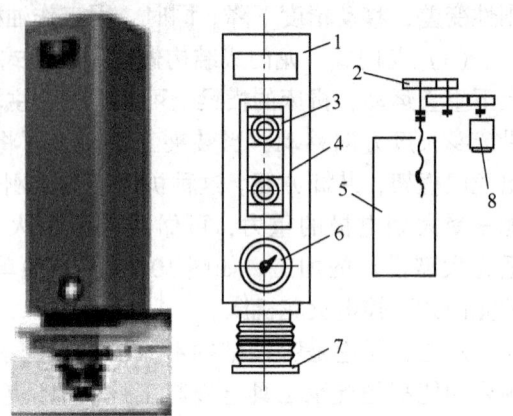

图10-13　主轴头
1—外罩壳　2—齿轮　3—游标　4—标尺　5—挡板
6—百分表　7—电极连接法兰　8—伺服电动机

脉冲电源应满足的要求如下：
1) 有足够的输出功率，能输出一系列脉冲。
2) 每个脉冲应具备一定的能量，波形要合理，脉冲电压幅值、峰值电流、脉宽和间隔要满足加工要求。应保证加工速度快、电极损耗低、表面质量高的特点。
3) 脉冲参数应能简便地进行调整，以适应各种材料和各种加工的要求。
4) 脉冲电源的性能应稳定可靠，力求结构简单、价格合理、维修方便。

(3) 工作液循环过滤系统　电火花加工机床的工作液循环过滤系统是整机的重要组成部分，由工作液箱、液压泵、电动机、过滤器、工作液分配器、阀门等组成（见图10-15）。

图10-14　电源箱

图10-15　工作液循环过滤系统

电火花加工是在液体介质中进行的，工作液的作用是使放电能量集中，强化加工过程，带走放电时所产生的热量和电蚀产物。因此必须有工作液循环过滤系统，用于工作液流经放电间隙将电蚀产物排出，并且对使用过的工作液进行存储、冷却、循环过滤和净化。

如图10-16所示为工作液循环系统油路图。它既能冲油又能抽油。其工作过程是：储油箱的工作液首先经过粗过滤器1、单向阀2吸入液压泵3，这时高压油经过不同形式的精过滤器7输向机床工作液槽，溢流安全阀5控制系统的压力不超过400kPa，快速进油控制阀10供快速进油用，待油注满油箱时，可及时调节冲油选择阀13，由压力调节阀9来控制工作液循环方式及压力，当冲油选择阀13在冲油位置时，补油和冲油都不通，这时油杯中油的压力由压力调节阀9控制。当冲油选择阀13在抽油位置时，补油和抽油两路都通，这时压力工作液穿过射流抽吸管12，利用流体速度产生负压，达到抽油的目的。

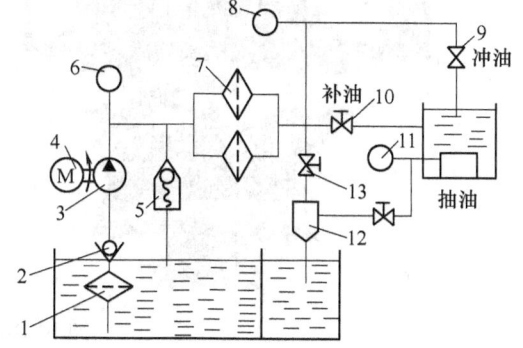

图10-16 工作液循环系统油路图
1—粗过滤器 2—单向阀 3—液压泵 4—电动机
5—溢流安全阀 6—压力表 7—精过滤器
8—冲油压力表 9—压力调节阀 10—快速
进油控制阀 11—抽油压力表 12—射流
抽吸管 13—冲油选择阀

为了保证加工过程安全进行，电火花机床的工作液槽上安装了液面高度控制器，对于不同高度的工件，可通过调节控制器手柄位置来控制加工中工作液面的高度。当液面升到一定位置时，液面控制器接通，此时才能进行正常放电状态。当液面降低时，液面控制器断开，电柜报警，停止加工。同时装有温度控制器，用来控制油温。当工作液油温超过机床设定温度时，温度控制器断开，电柜报警，停止加工。

工作液循环的方式很多，主要有如下几种：

1）非强迫循环。工作液仅做简单循环，用清洁的工作液替换脏的工作液。电蚀产物不能被强迫排除，如图10-17a所示。粗、中规准加工时可采用。

2）强迫冲油。将清洁的工作液强迫冲入放电间隙，工作液连同电蚀产物一起从电极侧面间隙中被排出，如图10-17b所示。

3）强迫抽油。将工作液连同电蚀产物经过电极的间隙和工件的待加工面被吸出，如图10-17c所示。

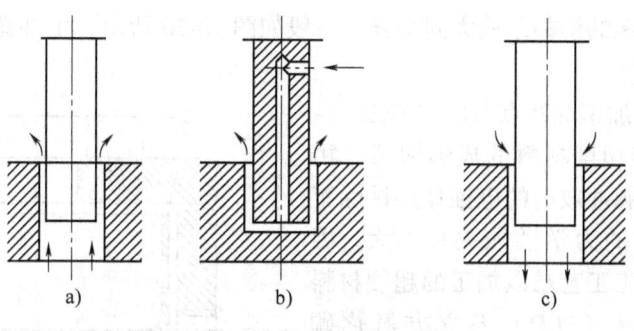

图10-17 工作液循环方式
a) 非强迫循环 b) 强迫冲油 c) 强迫抽油

(4) 主要机床附件

1) 平动头。平动头主要用于型腔加工。使用平动头的目的是使电极产生一个平面平移运动。电极上的每一点都回绕着其原始位置做圆周运动,如图10-18所示。

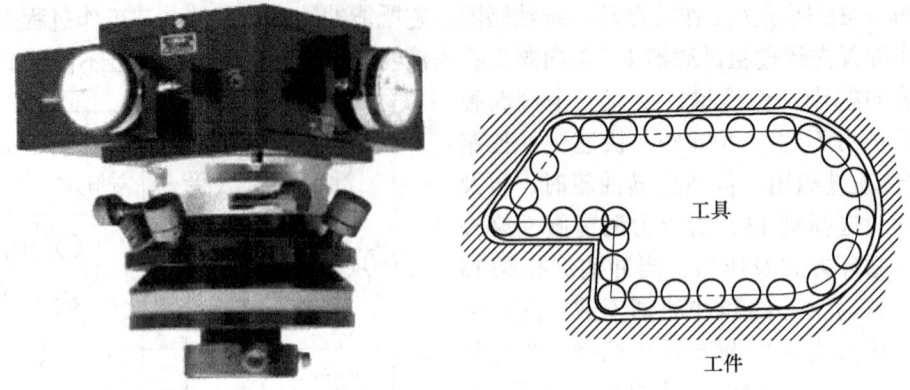

图10-18 平动加工

利用平动头可进行如图10-19所示的加工。

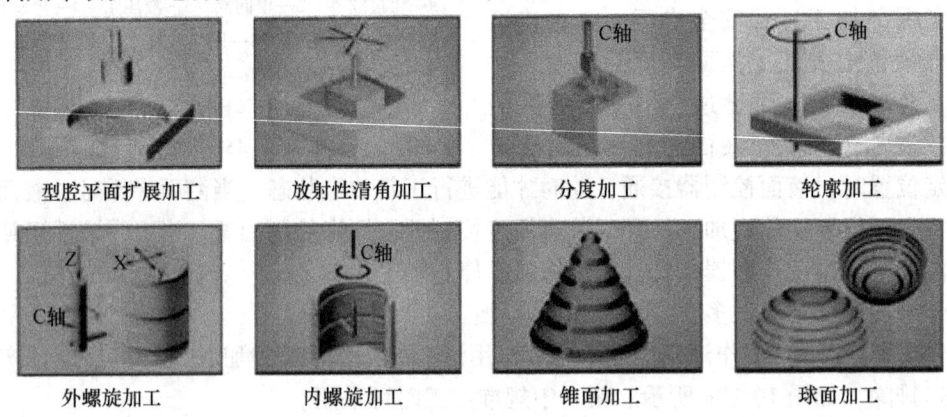

图10-19 平动头加工种类

2)油杯。油杯也为机床附件之一。油杯固定在工作台面上,加工工件装夹在油杯上。可利用油杯对工件进行冲油和抽油。

电火花成形机床的油杯结构大同小异,一般如图10-20所示,由外套3、内套2、面板1及管接头4等组成。

5. 电火花成形加工的特点与应用范围

(1)适用于难切削材料的成形加工 由于电火花加工是靠脉冲放电的电蚀作用蚀除工件材料的,与工件的力学性能关系不大。因此,对传统切削加工工艺难以加工的超硬材料如人造金刚石聚晶(PCD)及立方氮化硼(CBN)等是极好的补充加工手段。

(2)可加工特殊的、形状复杂的零件 由于放电蚀除材料不会产生大的机械切削力,因此对于脆性材料(如导电陶瓷或薄壁弱刚

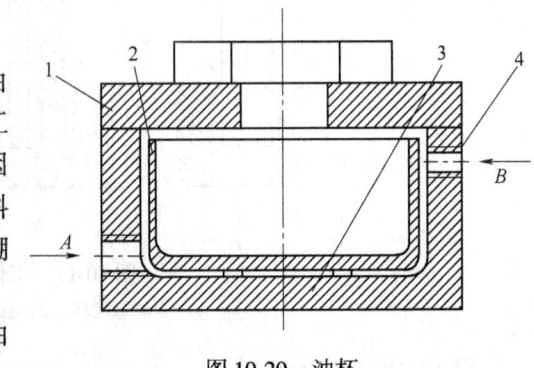

图10-20 油杯
1—面板 2—内套 3—外套 4—管接头

性的航空航天零件），以及普通切削刀具易发生干涉而难以进行加工的精密微细异形孔、深小孔、狭长缝隙、弯曲轴线的孔、型腔等，均适宜采用电火花成形加工工艺来解决问题。

（3）可加工热敏感材料 当脉冲宽度不大（不大于 $8\mu s$）时，由于单个脉冲能量不大，放电又是浸没在工作液中进行的，因此，对整个工件而言，在加工过程中几乎不受热的影响，有利于加工热敏感材料。采取一定工艺措施后，还可获得镜面加工的效果。

（4）适应性好，便于自动控制 加工的放电脉冲参数可以任意调节，在同一台机床上可完成粗、中、精加工过程，且易于实现加工过程的自动化。目前有些高档数控电火花成形机床已能实现无人化操作。

（5）利于整体加工，零件结构性、使用性好 采用电火花成形加工还有助于改进和简化产品的结构设计与制造工艺，提高其使用性能。例如，航空火箭的燃气涡轮采用常规机械加工工艺时，只能分解加工，然后镶拼、焊接；而利用多轴联动数控电火花成形机床可进行涡轮整体加工，从而大大简化了结构，减轻了零件重量，提高了涡轮的性能。

此外，电火花成形加工还可进行产品零件打标记、电火花磨削、取出折断在零件中的丝锥或钻头、在经淬火的工件上补充加工螺钉孔等。

任务准备

电火花成形机床若干台，相应配套的电极和工件材料。

任务实施

1）认识电火花成形机床的结构。在车间参观电火花成形机床，分辨其组成，了解各个部分的结构及作用。

2）以 Best-345 + ZNC 50A 机床为例，让学生熟悉机床操作。

①主轴操作面板（见图 10-21）。

②手动操作面板（见图 10-22）。

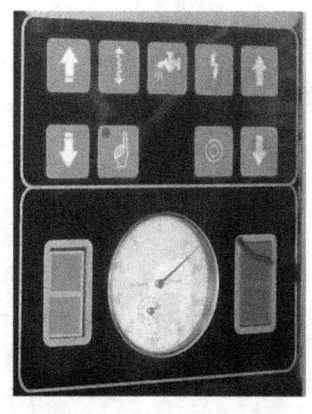

图 10-21 主轴操作面板

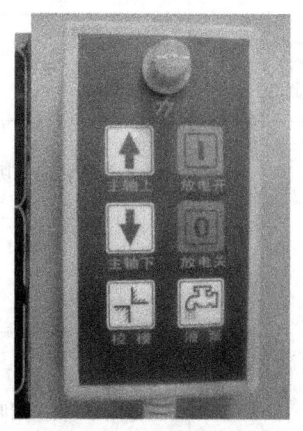

图 10-22 手动操作面板

③电源箱操作面板（见图 10-23）。

电加工编程与操作（任务驱动模式）

图 10-23　电源箱操作面板

④机床控制面板操作键的功能（见表 10-1）。

表 10-1　机床控制面板主要操作键的功能

按键	功能
![]	急停按钮
![]	机床电源开启/关闭
![]	主轴头向上移动
![]	主轴头向下移动
![]	主轴头移动速度切换键，分 0、3、9 三挡
![]	Z 轴起动
![] ![]	与 ![] 同时按下，Z 轴上升
![] ![]	与 ![] 同时按下，Z 轴下降

(续)

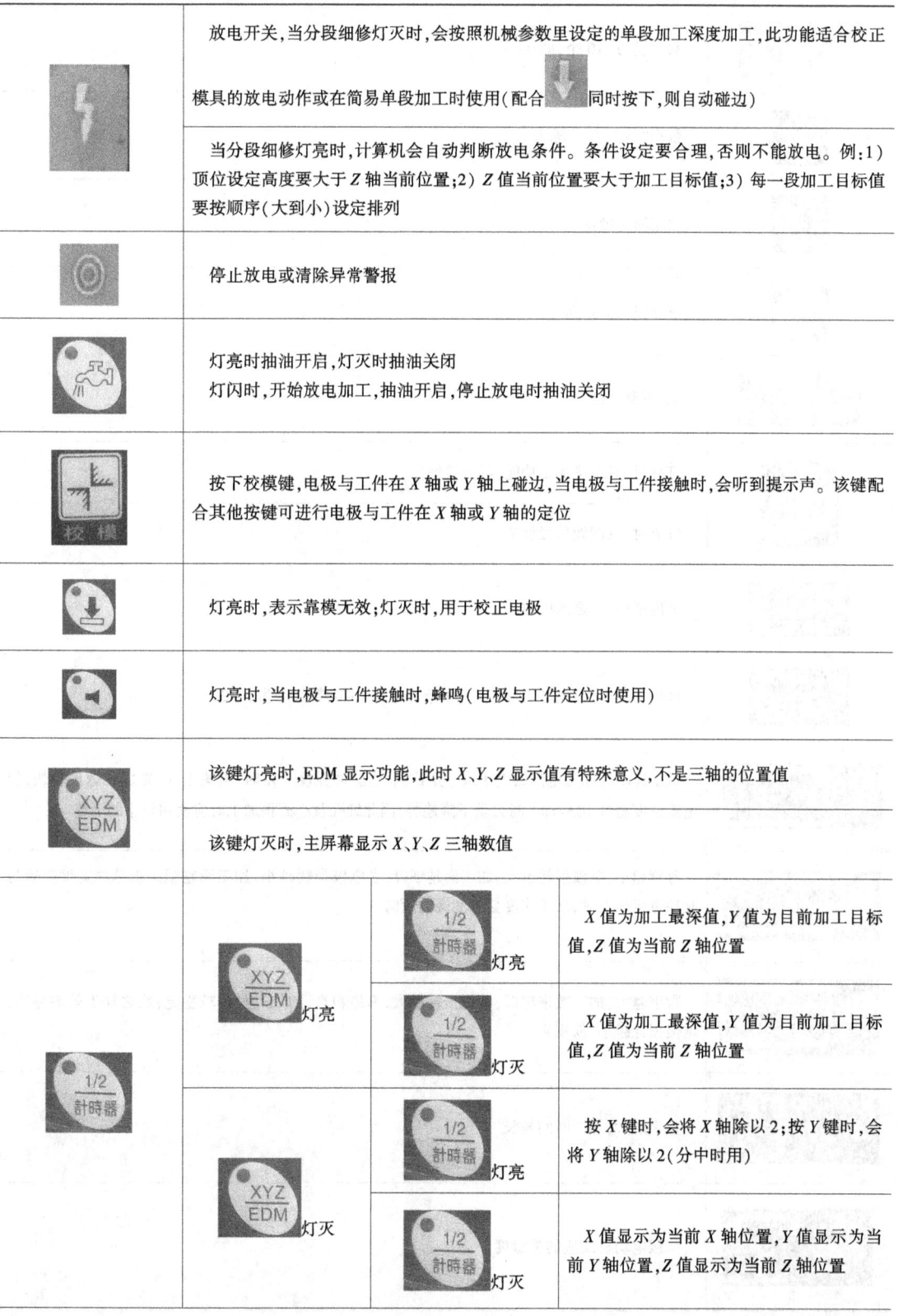

（续）

按键	说明
1 2	数字键，共10个，即 0~9
+/−	数据"+"、"−"输入
输入	数据输入确认
清除	清除输入的数据
上页保存 下页取出	上、下翻页键
分段细修	灯亮时，有十段加工功能，可分段细修
	灯灭时，只能做单段加工
加工段数	分段细修时，显示段数
电流参数	选择加工电流，粗加工为 7~9，半精加工为 4~6，精加工为 1~3
电流	加工速度与加工电流的大小成一定比例，当脉冲宽度一定时，电流越大，则加工速度越快，但电流密度超过 $10A/cm^2$ 时会呈下降趋势，因此细孔及小面积加工时应使用较小的电流
⊓	脉宽越小，电极损耗越大，加工面越细，反之电极损耗越小，加工面越粗。当脉冲宽度极短与脉冲宽度很长时，加工速度会有变慢的倾向
⊓	数字越大，加工效率越低，电极损耗越大，不易积炭，加工过程中较稳定；反之加工效率越高，电极损耗越小，易积炭
放电时间	数字越大，加工时间越长
伺服速度	伺服电动机反应的灵敏度

（续）

图标	说明
高壓	加工电压值，数值越大，电压越高
积碳準位	积炭允许值
特殊加工	特殊材料的加工
極間電壓	极间电压数值
排渣時間	加工时主轴抬高的时间
警報代號	显示为何种警报：0—正常；1—防火；2—油位；3—积碳；4—顶位；5—温度；6—3相；7—靠模；8—过载；9—完成
积碳停機	灯亮，表示功能开启中，如果此时有积炭产生，机床会自动停止放电，警报代号为3
	灯闪时，如果有积炭，机床不停机，而会自动排渣
防火停機	灯亮时，表示功能开启中，如果火花过大，就会停止放电，警报代号为1
油位停機	灯亮时，如果此时油面低于设定值，就会停止放电，警报代号为2
絕對增量	灯亮时，为第一坐标系
	灯灭时，为第二坐标系
表面均匀	大面积加工时要使用此功能，加工深度才会更均匀
鏡面加工	超细加工功能，逆加工、高压时要设定在5以上

(续)

	排渣慢速	当大面积加工时,减慢排渣速度,可防止拔模效应
	Z轴锁定	灯亮,锁住Z轴不动
		灯亮时,如果有任何警报信号,会自动关掉电源
	机械参数	系统参数设定时使用
		查看机床出厂设定的电加工参数

3) 老师指导李生进行简单零件的加工,让学生掌握电火花加工流程。
4) 电火花加工过程中,观察火花放电情况,了解电火花加工原理。
5) 加工结束后,指导学生正确关机并保养机床。

 检查评议

此次任务主要为现场观察,并进行电火花成形机床的简单操作,熟悉机床控制面板主要操作键的功能,要求学生建立对电火花成形机床的初步认识。通过观察,学生应能指出电火花成形机床各部分的组成,对相应的功能有所了解,能说出电火花加工的原理。

 问题及防治

进入现场,要保障自身安全和设备安全。进入车间、观察机床、离开车间的全过程都要在老师带领下有序进行。由于是第一次接触该类机床,在操作前,学生应征得老师同意并在老师指导下动手操作。

扩展知识

1. 其他电火花加工技术简介

(1) 电火花小孔加工 电火花小孔加工一般指 $\phi 0.1 \sim \phi 0.3$ mm 孔的加工。小于 $\phi 0.1$ mm 的孔称为微孔。一般来说,电火花小孔加工的深径比约为 20~50。

小孔加工时,大多采用晶体管控制的 RC 电源,当然也可使用 RC 电源或晶体管电源。孔的加工精度约为 ±(0.002~0.01) mm,加工表面粗糙度值约为 $Ra0.8 \sim 0.2\mu m$,小孔加工的范围很广,较成熟的工艺有以下几种:

1)喷嘴加工。大多使用校直后的黄铜或钨丝做电极,工件热处理后打孔,不易产生毛刺,成品率高,易于实现自动化生产。

2)发动机涡轮叶片散热孔的加工。采用经过校直的钨丝做电极,数孔一次加工,效果良好。近来又改为高压电解加工散热孔,效率比电火花加工高几倍。

3)高速打小孔加工。采用水做加工介质,工具电极为中空的黄铜或纯铜毛细管(根据工件材料选用黄铜管或纯铜管)。加工时,工具电极边旋转边进给,高压水(压强达5~6MPa)经电极中心细孔进入放电间隙,受工具电极限制,目前高速打小孔的加工范围为$\phi 0.3 \sim \phi 3$mm。小于$\phi 0.3$mm的孔,一方面因空心电极制作困难,另一方面因中心孔太小,工作液通过时压力损失太大,加工速度大幅下降而不实用。高速打小孔的速度可达20~60mm/min,加工硬质合金小孔时速度要低一些。

(2)精密微细加工 通常将小于$\phi 0.1$mm的孔或槽的加工称为微细加工,尺寸公差要求高时则为精密微细加工。这些微孔及窄槽采用传统的机械加工工艺是根本无法完成的。因此,精密微细加工应当作为电火花加工的重点发展方向之一。

1)喷丝板孔加工。化纤工业的迅速发展,促进了大批异型截面纤维的问世。这些异型截面纤维无论从着色、保温性、透气性及手感方面均大大优于圆形截面纤维。因而对异型纤维喷丝板孔的加工就显得尤为重要。

a. 电火花线切割工艺。因需打穿丝孔,故辅助时间较长,适合加工形状复杂的细窄曲线孔。

b. 电火花扁电极拼合加工法。由于孔形要靠几个槽拼起来,因此对机床定位精度要求较高,适用于由直线拼接的图形的加工。

c. 电火花成形加工法。适用于同一孔形,且数量大的孔的加工,电极拉制成形后,固定在一块板上,可同时加工上百个孔,工艺简单,但电极组装与装夹定位比较困难。

2)窄槽工件人工缺陷的加工。不少新材料研制成功后,都要进行材料力学性能实验,为此要在试件的某些部位加工出人工缺陷——一个或几个标准的窄槽。又如,在超声波非破坏性探伤时,为了正确判断缺陷的大小,须事先制造出高精度的标准人工缺陷。目前,国内人工缺陷大多采用电火花加工工艺。

(3)电火花磨削 由于电火花加工时没有切削力,因此对于深小孔、薄壁弱刚性的内外圆、筋条、肋板以及其他一些受切削力易变形的工件加工,采用电火花磨削工艺非常适宜。

(4)电火花强化 采用硬质合金或高强度合金钢等导电材料做工具电极,在空气或特殊气体中,与要强化的工件表面间发生火花放电,使工具电极材料涂覆到工件表面上,形成熔渗层,从而提高工件表面的硬度、耐磨性及腐蚀性。电火花强化所用装置很简单,通常由脉冲电源和手持式振动器两个主要部件组成,脉冲电源为RC电源。硬化层厚度随放电能量增大而增厚,通常为20~40μm,最厚可达数百微米(大多在修复磨损严重的轴类零件时采用)。电火花强化可用于各类模具、刀具、零件及导轨表面,也可用于刻字或标记。

2. 其他加工技术的复合加工

(1)超声电火花复合加工 引入超声可改善电火花放电间隙状况,同时在脉冲间隔内,超声频的机械伸缩振动能通过变幅杆加到工具电极的下端面。在窄脉冲小面积加工时,可以提高加工效率及加工稳定性。

(2) 电解电火花复合加工　大多用于切割等工序。电火花高速打小孔实质上就是这两种工艺的复合。

任务2　电火花成形机床安全操作规程及维护保养

任务描述

进入电火花实习车间，大家会注意到在墙上挂有《电火花加工安全操作规程》，认真阅读都有哪些具体规定。电火花成形机床在使用前和加工结束后，完成一次日常维护保养。

任务分析

作为生产操作人员，首要的就是保证自身安全以及机床的正常运转。因而，每一个操作人员，必须知道机床安全操作规程，并严格按照规程操作；同时，在生产的各个环节，也要注意机床的维护、保养，使机床时刻处于最佳工作状态。这样才能保证产品质量，提高生产率，延长机床使用寿命。

相关知识

1. 电火花成形机床安全操作规程

1）操作前应掌握正确的操作步骤。

2）同一时间，只允许一人操作。

3）不能擅自拆卸、移动机床上的部件。

4）电火花机床周围适当位置必须有消防设施。

5）禁止擅自打开电源箱，以防止触电。

6）操作前先拉手动注油器进行机床润滑。

7）操作前检查电源机箱风扇是否正常运转。

8）操作前检查加工液是否太脏，是否需要更换。

9）放电加工前应检查安全设备（如液面开关）是否正常。

10）放电加工过程中绝对不允许操作人员擅自离开现场。

11）经常检查工作槽防漏橡胶是否老化，以防漏油。

12）放电加工时，可喷油加工，也可浸油加工。喷油加工时容易引起火灾，应特别小心。浸油加工时，加工液面应高于被加工物至少50mm；液面过低或加工电流过大，极有可能导致发生火灾。

13）放电加工时，禁止用手接触电极，以免触电。

14）不得将杂物放在加工槽内。

15）PVC喷油管及橡胶管不得放置于电极上方。

16）过滤箱上的压力表示值超过 $1.5kg/cm^2$ 时，应更换滤油网。

17）向油箱放油时应锁紧箱门，以免加工油外泄；油箱中应有足够的油量，控制油温不超过50℃，当油温过高时，应该加快加工液的循环，以降低油温。

18) 加工完成后必须先切断总电源,然后拉动加工液槽边上的放油拉杆,放掉加工液,擦拭机床,确保机床的清洁。

2. 电火花成形机床的保养方法

电火花成形机床维护保养的目的是为了保持机床能正常可靠地工作,延长其使用寿命。一般的维护保养方法如下:

(1) 每日保养

1) 电火花成形机床工作台面保持干净,如保养不当易引起台面生锈。

2) 确认液压泵压力是否正常。

3) 设备外观保持整洁。

(2) 每周保养

1) 用手压式注油器注油,每次压 4~6 次。

2) 检查手压式注油器的油量。

(3) 每月保养

1) 电火花成形机床各导轨注凡士林。

2) 检查磁盘精度(用千分表测量平面度是否正确)。

(4) 每季保养

1) 检查电火花成形机床水平是否正常(用水平仪测工作台面是否水平)。

2) 检查电火花成形机床三轴精度(用节矩规测行程是否正确)。

(5) 每年保养

1) 检查并清理火花机油箱。

2) 检查并更换火花机 Z 轴润滑油。

3) 检查并清理电柜。

(6) 其他保养项目

1) 火花油。与使用频率、熔蚀量等相关。建议每半年检查一次,依实际状况确认是否更换。

2) 滤芯。与使用频率、熔蚀量等相关。建议每季检查一次,依实际状况确认是否更换。

3) 滤棉。与使用频率、熔蚀量等相关。建议每季检查一次,依实际状况确认是否更换。

任务准备

电火花成形机床若干台,润滑油、凡士林、擦机布、毛扫等。

任务实施

1) 熟悉电火花实习车间的《电火花加工安全操作规程》,并理解每条规程的含义。

2) 电火花成形机床开机前及关机后的保养如下:

①整机清洁卫生。

②清洁工作台内的油污(见图 10-24)。用毛扫和擦机布清理工作台面及周边的油污,保持工作台面洁净。

图 10-24　工作台

③各活动部件加注润滑油，如图 10-25 所示，观察注油器是否有润滑油，摇动注油器压杆 4~6 次，供油。

图 10-25　各种注油器

④开启液压泵，观察油压表，油压不应超出允许范围（见图 10-26）。

图 10-26　油压表

⑤针对机床养护中存在的问题,在实习教师的指导下进行解决。

检查评议

该任务的检查评估包括:
1)学生对《电火花加工安全操作规程》的理解。
2)学生保养机床的工作态度。
3)学生是否认真细致地对所有需要检查的部位进行了检查,判断是否准确;排除问题的方法是否正确。

问题及防治

进入现场,首先要保障自身安全和设备安全。作为生产操作人员必须熟悉机床安全操作规程,并严格按照规程操作。使用设备前,必须认真熟悉机床的操作说明书;同时,在生产的各个环节中,也应及时对机床进行维护、保养,做到5S管理。

思考与练习

一、填空题

1. 电火花加工是在一定_____中,通过工具电极和工件电极之间_____时的电腐蚀作用,对工件进行加工的一种工艺方法。
2. 电火花成形机床由_____、_____和_____三大部分组成。
3. 电火花成形加工的工作液强迫循环方式有_____和_____两种。

二、简答题
1. 电火花成形机床的主要结构形式有哪几种?
2. 在电火花加工中,工作液的作用有哪些?
3. 简述电火花加工的特点。

三、操作题
绘制实习车间电火花成形机床机构简图,标出其主要组成。

单元 11　电极设计与制造

知识目标

♪ 了解电极的材料及性能
♪ 了解电极的结构形式

技能目标

♪ 掌握电极的设计方法
♪ 掌握电极的制造方法

任务描述

用电火花加工如图 11-1 所示的凹模型腔，设计并制造一个电极对凹模型腔进行精加工。不考虑电极平动量。

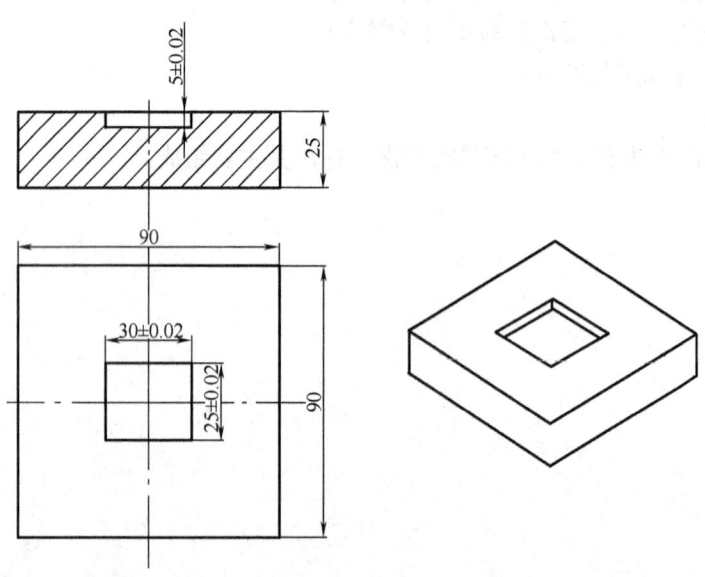

图 11-1　凹模型腔

单元 11 电极设计与制造

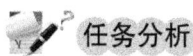 任务分析

电极设计是电火花加工中的一个重要环节,电极设计是否合理,直接影响加工质量。通过此次任务实施,应会正确选择电极材料和设计电极尺寸。此外,还要使电极在结构上便于制造和安装校正。电极的加工方法较多,可用数控铣削、线切割、普通铣削等加工方法进行加工。由于该电极结构简单,可用普通铣削加工方法。

 相关知识

1. 电极设计

凹模型孔的加工精度与电极的精度和穿孔时的工艺条件密切相关。为了保证型孔的加工精度,在设计电极时必须合理选择电极材料和确定电极尺寸。此外,还要使电极在结构上便于制造和安装校正。

(1) 电极材料 根据电火花加工原理,可以说任何导电材料都可以用来制作电极。但在生产中应选择损耗小、加工过程稳定、生产率高、机械加工性能良好、来源丰富、价格低廉的材料作为电极材料。常用电极材料的性能和特点见表11-1。选择时应根据加工对象、工艺方法、脉冲电源的类型等因素综合考虑。

表 11-1 常用电极材料的性能和特点

电极材料	性能			特点
	电加工稳定性	电极损耗	机械加工性能	
钢	较差	一般	好	应用比较广泛,模具穿孔加工时常用,应注意其加工稳定性
铸铁	一般	一般	好	制造容易,材料来源丰富,适用于复合式脉冲电源加工,对加工冷冲模最为适合
纯铜	好	一般	较差	材质质地细密,适应性广,特别适用于制作密花纹模的电极,但切削加工较为困难
石墨	较好	较小	一般	材质抗高温,变形小,制造容易,质量轻,但材料容易脱落、掉渣,机械强度较差,易折角
黄铜	好	较大	好	制造容易,特别适宜在中小电规准情况下加工,但电极损耗太大
铜(银)钨合金	好	小	较差	价格较贵,在深长直壁、硬质合金穿孔时是理想的电极材料

由于铜钨合金和银钨合金的价格高,而且机械加工性能较差,故实际生产中较少采用。较多使用的是纯铜和石墨(见图 11-2),它们的共同点是在大脉宽粗加工时,均能实现低损耗。

纯铜的特点如下:

1) 精加工时电极损耗比石墨小。
2) 采用微精加工时,加工表面的表面粗糙度值能达到小于等于 $Ra0.1\mu m$。
3) 用过的电极经改制(如锻打)后还可再次使用,材料利用率高。

石墨电极的特点如下:

1）密度小，适于制作大型零件或模具加工用工具电极，整体重量小。
2）机械加工性能好，易于成形及修整。
3）电加工性能好，特别是在大脉宽粗加工时，电极损耗比纯铜小。

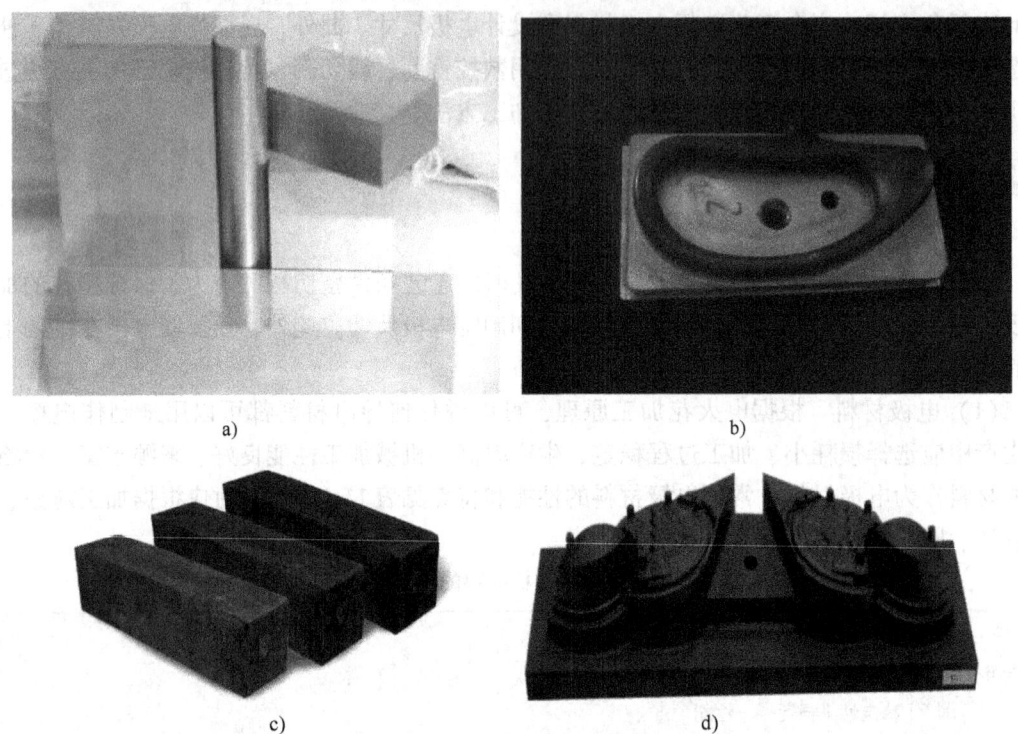

图11-2 电极材料
a）纯铜 b）纯铜电极 c）石墨 d）石墨电极

当然，石墨电极最大的弱点是加工时易发生电弧烧伤；其次，精加工时电极损耗比纯铜大。故在大脉宽、大电流、粗加工时使用石墨电极，而精密加工时大多采用纯铜电极。

（2）电极结构　电极的结构形式应根据电极外形尺寸的大小与复杂程度、电极的结构工艺性等因素综合考虑。

1）整体式电极。整体式电极是用一块整体材料加工而成，是最常用的结构形式。对于横断面积及重量较大的电极，可在电极上开孔以减轻电极重量，但孔不能开通，孔口向上（见图11-3）。

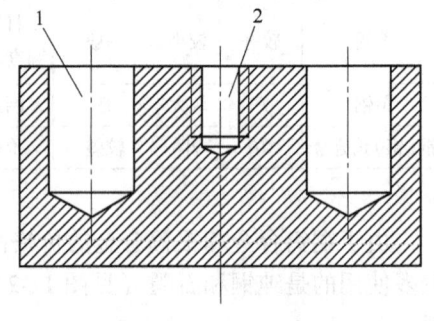

图11-3 整体式电极
1—减重孔　2—固定用螺孔

2）组合电极。在同一凹模上有多个型孔时，在某些情况下可以把多个电极组合在一起，一次穿孔可完成各型孔的加工，这种电极称为组合电极（见图11-4）。用组合电极加工，生产率高，各型孔间的位置精度取决于各电极的位置精度。

3）镶拼式电极。对于形状复杂的电极，当整体加工有困难时，常将其分成几块，分别加工后再镶拼成整体（见图11-5），这样既节省材料又便于电极制造。

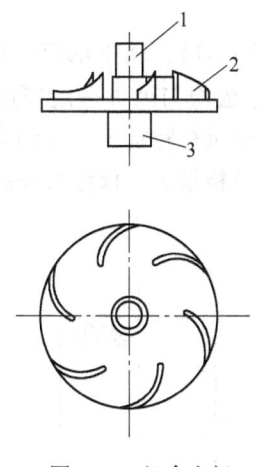
图 11-4 组合电极
1—校正棒 2—电极 3—连接杆

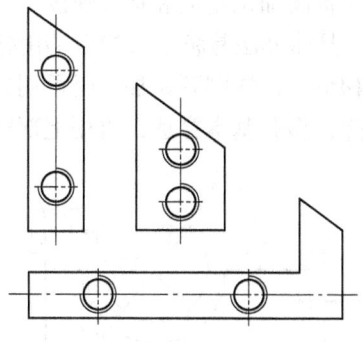
图 11-5 镶拼式电极

电极不论采用哪种结构都应有足够的刚度,以利于提高加工过程的稳定性。对于体积小、易变形的电极,可将电极工作部分以外的截面尺寸增大,以提高刚度。对于体积较大的电极,要尽可能减轻电极的重量,以减小机床的变形。电极与主轴连接后,其重心应位于主轴中心线上,这对于较重的电极尤为重要,否则会产生附加偏心力矩,使电极轴线偏斜,影响模具的加工精度。

(3) 电极尺寸

1) 加工冲模的穿孔电极的设计和计算主要包括电极长度和电极的截面尺寸。

电极的有效长度(总长度减去不起加工作用的长度)通常取凹模型孔深度的 2.5~3.5 倍,当要求用一个电极加工几个凹模时,则电极有效长度应加长。实际的电极工具长度还要考虑装夹部分的长度等。

电极的截面尺寸与冲模所需的配合间隙大小以及所采用的加工规准有关。

原则上电极的截面尺寸与凹模截面尺寸仅相差火花放电间隙,即电极的凸起部分应比凹模尺寸均匀缩小一个火花放电间隙值 δ(双边的则缩小 2δ),电极凹入部分则应比凹模对应尺寸增加一个放电间隙值 δ,如图 11-6 所示的电极截面尺寸可按下列公式确定:

$$A = a - 2\delta$$
$$B = b + 2\delta$$
$$C = c$$
$$R_1 = r_1 - \delta$$
$$R_2 = r_2 + \delta$$

式中 δ 为单边火花放电间隙。

δ 要根据凹模侧面表面粗糙度值及相应的加工规准来选择。表面粗糙度值为 $Ra32.5\sim6.3\mu m$ 时,δ 约在 $0.04\sim0.15mm$ 之间(电规准的峰值电压越高,脉冲宽度越宽,δ 就越大)。

实际上凹模尺寸 a、b、c、r_1、r_2 等不只是基本尺寸,还包括公差。在设计电极时应取其中间公差尺寸。计算出电极尺寸后,也应规定电极尺寸的制造公差,一般可取凹模型孔公差的 1/3~1/2。

为了提高加工精度和加工速度，常采用阶梯电极（见图11-7），将下部尺寸缩小 0.1~0.3mm，具体办法是将电极的下端用化学腐蚀（酸洗）的方法均匀蚀去一定厚度，使电极成为阶梯形。这样刚开始加工时可用较小的截面、较大的规准进行粗加工，等到大部分余量已被蚀除，型孔基本穿透，再用上部较大截面的电极工具进行精加工，保证所需的模具配合间隙。

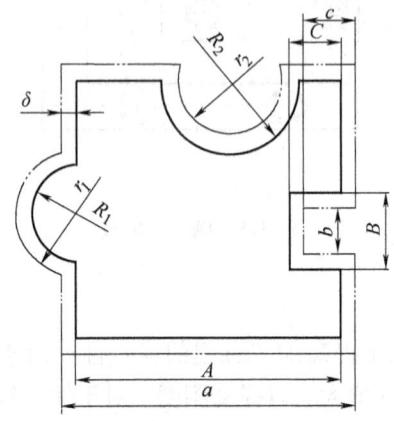
图 11-6 型孔（凹模）和电极尺寸的关系

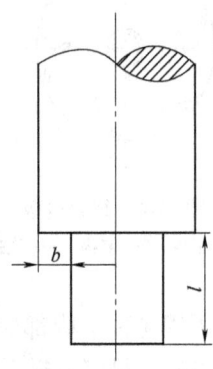
图 11-7 阶梯电极

阶梯部分的长度 l 一般为冲模刃口高度 h 的 1.2~2.4 倍，即 $l=(1.2~2.4)h$，阶梯电极的单边缩小量（单边蚀除厚度）b 可按下式计算：

$$b \geqslant \delta_1 - \delta_2 + \Delta$$

式中　δ_1——粗加工单面火花放电间隙（mm）；

　　　δ_2——精加工单面火花放电间隙（mm）；

　　　Δ——留给精加工的单面加工余量（$\Delta = 0.02~0.04$mm）。

2）型腔加工用的电极工具，不但要考虑横断面的形状与尺寸，还要考虑垂直断面的形状和尺寸，因为它不能像穿孔那样可通过加长电极来继续加工，抵消耗损的影响。需采用多种工艺措施（如更换新电极、电极光整修形等）来保证型腔尺寸精度。设计、计算电极时，应根据有无平动而有所不同。随着三轴、四轴甚至五轴联动的电火花机床和高速数控铣床的相继问世，利用电极（或刀具）与工件的联合运动，采用简单形状的电极和刀具就能加工出所需的三维型腔，或是用五轴数控铣床加工出所需的电极，用于工件的电火花成形加工。因此，电极的设计工作已大为简化。

2. 电极的制造

电极的制造方法应根据型孔或型腔的加工精度、电极材料和数量选择，常用的电极制造方法见表11-2。

表 11-2　常用电极制造方法

制造方法	应 用 特 点	适用的电极材料
机械切削加工	用于型腔、穿孔电极的加工；用于单件或少量电极的加工，但对于形状复杂的电极制造困难，周期长	所有电极材料

（续）

制造方法	应用特点	适用的电极材料
液电成形	用于型腔电极的加工，需要母模，电极形状复制性好，适用于批量生产，对于深型腔需要多次成形	纯铜板
压力振动成形	用于型腔电极的加工，需要母模，制造效率高，适合于批量生产	石墨
电镀成形	用于型腔电极的加工，适合于形状复杂的电极，不受电极尺寸的限制，但电镀时间较长，电镀层厚度的均匀性受形状的影响，内凹面电镀层较薄，电镀层一般疏松，电极损耗率一般较大	电解铜
烧结	用于制造型腔电极，制造方法简单，但电极精度不高	石墨
精密锻造	用于制造型腔电极，需要母模，适合于批量生产，但精度不够高	有色金属
线切割	用于制造穿孔电极，适合于制造形状复杂的电极	金属材料
反复制加工	用于制造穿孔电极，也适合于制造微细异形整体电极	金属材料

机械切削加工制造工具电极的典型工艺过程如下：

1）刨或铣。加工六面，按最大外形尺寸留 1~2mm 余量（电极为圆形时，可车削）。

2）平磨。磨两端面和相邻两侧面，两侧面要相互垂直。

3）钳。按图划线。

4）刨或铣。按线加工，留成形磨削余量 0.2~0.5mm。

5）钳。钻、攻装夹螺孔。

6）热处理。采用与凸模为整体的钢电极时，要进行淬火和低温回火。

7）钳。采用铸铁电极时，将铸铁电极与凸模粘接或钎焊为一体。

8）成形磨削。将电极成形磨削至图样要求。

9）退磁。

10）化学腐蚀或电镀。阶梯电极或小间隙模具的电极可采用化学腐蚀，加大间隙模具的电极用电镀。

目前模具企业已广泛使用加工中心来制造各种型面复杂的电极。加工中心比传统铣削加工速度快，自动化程序高，重复生产的精度很高，可得到较复杂的形状。高速加工中心能用于形状更复杂、精度要求更高电极的制造，为制造电极提供了完美的技术解决方案。

任务准备

计算机（安装有计算机辅助设计与制造软件），铣床（每一个小组 1 台），纯铜块（毛坯尺寸为 40mm×35mm×40mm），0 号砂纸等。

任务实施

1. 选用电极材料

本任务选用的电极材料为纯铜。

2. 确定电极结构

本任务电极结构简单，采用整体式电极。

3. 电极的设计与加工条件的选择

电极的设计要考虑电极的装夹校正,本任务采用毛坯尺寸为 40mm×35mm×40mm 的纯铜块。该电极分为两部分,一部分为直接加工部分,长度为 25mm,电极直接加工部分长度要考虑最大电极损耗长度和零件型腔的深度。另一部分为装夹及电极校正部分,长度为 10mm,顶部钻 M10 螺孔。电极利用铣床进行铣削、钻削、攻螺纹等加工,然后用砂纸抛光。

电极截面尺寸根据型腔尺寸及公差、放电间隙的大小而定,还与加工方法和与放电脉冲设定的参数有关。不同部位不同尺寸的计算也有所不同。本次任务为单电极精加工,单边火花放电间隙 $\delta=0.12$mm,电极的截面尺寸设计为 29.76mm × 24.76mm,尺寸公差为 ±0.01mm(见图 11-8)。

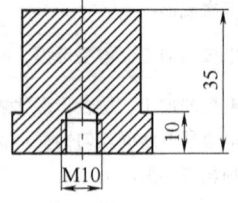
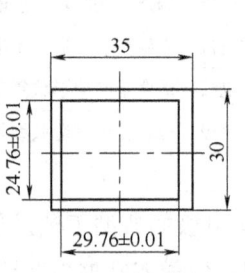
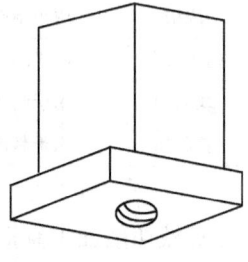

图 11-8　电极图

4. 电极的加工

本任务中的电极结构简单,可用普通铣床切削加工完成。

1)铣削电极上表面及装夹侧面(见图 11-9)。

图 11-9　铣削电极上表面及装夹侧面

2)钻装夹螺孔并攻螺纹(见图 11-10)。

图 11-10　钻装夹螺孔并攻螺纹

3)以装夹侧面和上表面为基准,粗、精铣削电极的加工面和装夹校正面(见图 11-11)。

图 11-11　粗、精铣削电极的加工面和装夹校正面

4）用砂纸抛光电极加工面（见图 11-12）。

图 11-12　抛光电极加工面

检查评议

此次任务主要为电极的设计和制造，通过学习和实际操作，学生能对简单的电极进行设计，并将电极按尺寸要求完成加工。

问题及防治

石墨材料加工时易碎裂，加工前应将石墨在工作液中浸泡 2~3 天。纯铜材料切削难，为减小表面粗糙度值，可在切削后研磨抛光。

思考与练习

一、填空题

1. 目前在模具型腔电火花加工中应用最多的电极材料是_____。
2. 电火花加工中常用的电极结构形式有_____、_____、_____三种。
3. 穿孔加工获得的凹模型孔和电极截面轮廓相差一个_____。

二、简答题

1. 简述电火花加工常用电极材料的性能？
2. 在用电火花加工方法进行凹模型孔加工时，怎样保证凸模和凹模的配合间隙？
3. 简述电火花电极在实际设计中要注意的问题。
4. 简述常用电极的制造方法。

单元 12　工件、电极的装夹与校正

知识目标

- ♪ 了解电火花加工的夹具
- ♪ 掌握电火花加工的装夹及校正方法
- ♪ 掌握电极的装夹方法
- ♪ 掌握电极的校正方法
- ♪ 掌握电极与工件的定位方法

技能目标

- ♪ 正确装夹及校正电火花加工工件
- ♪ 根据电极结构特点选择合适的装夹方式
- ♪ 会进行电极的校正
- ♪ 会进行电极与工件的定位

任务 1　工件的装夹与校正

任务描述

用电火花加工断入工件的丝锥时（见图 12-1），需将工件正确安装在工作台上，并要对工件进行校正，为工件与电极的正确定位和加工做好准备。

任务分析

由于电火花加工中电极与工件并不接触，宏观作用力很小，所以工件装夹一般都比较简单，通常用磁力吸盘来装夹工件，并用百分表对工件进行校正。通过此次任务实施，学生会正确选择夹具和工具，正确装夹工件并进行校正。

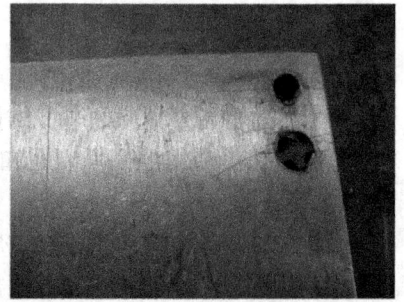

图 12-1　工件图

相关知识

1. 电火花工件装夹的常用夹具

（1）磁力吸盘　放置工件前，需将磁力吸盘用压板固定在电火花机床的工作台上，并用校表进行校正。利用磁力吸盘的磁力将工件吸附在吸盘上表面，其装夹工件的下表面要平整（见图12-2、图12-3）。

图12-2　磁力吸盘

图12-3　磁力吸盘吸附工件

（2）压板　如图12-4所示，利用垫铁、压板及固定螺钉将工件固定在电火花工作台上。

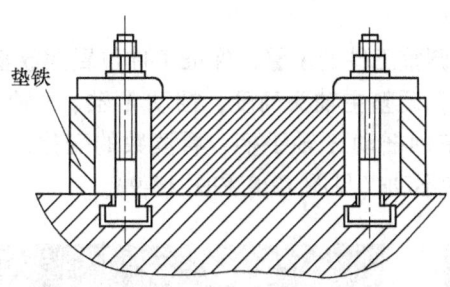

图12-4　压板装夹

（3）精密平口钳　如图12-5所示，利用精密平口钳的钳口进行装夹，可装夹一些形状复杂的工件。

为了适应各种不同工件加工的需求，还可以使用其他工具来进行装夹，如导磁块、正弦磁台、角度导磁块等。

2. 工件的校正方法

工件装夹在工作台上，要对其进行校正，以保证工件的坐标系方向与机床的坐标系方向一致。在实际加工中常用校表来校正工件。如图12-6所示，百分表在工件表面沿X轴或Y轴来回拖动，调整工件的位置，直至来回拖动时，百分表指针基本保持不动。

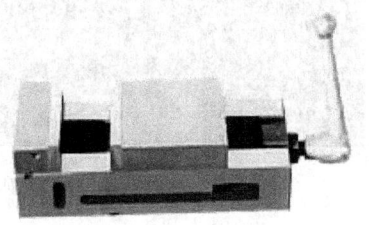

图12-5　精密平口钳

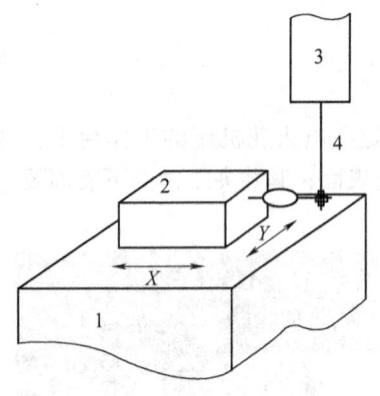 

图 12-6 百分表校正

1—磁性吸盘 2—工件 3—主轴头 4—百分表架

任务准备

电火花成形机床若干台，磁力吸盘、工件、百分表、内六角匙、橡胶锤等。

任务实施

1）工件去除表面毛刺，除锈、除油污。

2）用内六角匙将磁力吸盘旋在关（OFF）的位置（见图12-7），用砂纸或切割片擦平磁力吸盘的毛刺，用棉布擦净磁力吸盘表面。

3）将工件放置在磁力吸盘上，目测及调整工件的位置，保证工件位置摆放基本正确。

4）将杠杆式百分表座吸附在主轴头上，调整主轴头高度，摇动 X 轴、Y 轴手柄，使表针与工件外侧面贴住，并有相应的读数，来回摇动 X 轴手柄，看读数的变化，用橡胶锤调整工件的位置，直至百分表的指针基本保持不动（见图12-8和图12-9）。

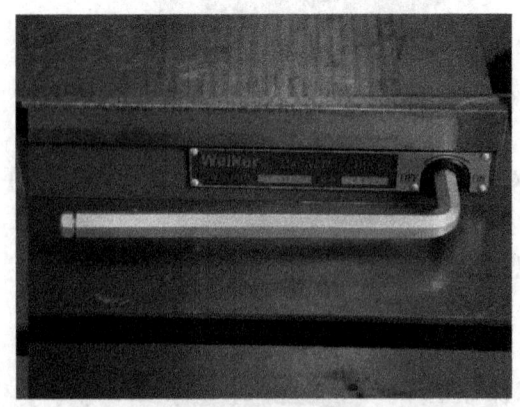 

图 12-7 磁力吸盘旋在 OFF 位置　　　　图 12-8 用百分表校正（一）

5）用内六角匙将磁力吸盘旋在开（ON）的位置（见图12-10），将工件固定。然后再用百分表重新复校一遍。

单元 12　工件、电极的装夹与校正

图 12-9　用百分表校正（二）

图 12-10　固定工件

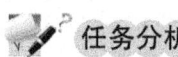 检查评议

1) 安全防护及安装工件要确保安全。
2) 正确使用百分表对工件进行校正。

问题及防治

大型工件在装夹时，应小心轻放，以免损坏电火花设备。

任务 2　电极的装夹与校正

任务描述

电极设计及加工完成后，接下来需将电极安装在电火花主轴头上，如图 12-11 所示的纯铜电极，选择正确的夹具将电极装夹在电火花主轴头上，并对电极进行垂直校正。

任务分析

电极装夹的方式和校正方法对加工精度有直接影响。根据电极大小及结构形式选择不同的装夹方式；同时对电极的垂直度进行校正，精度要求高时，可用百分表进行调校。

相关知识

电极安装在机床主轴上，应使电极轴线与主轴轴线方向一致，保证

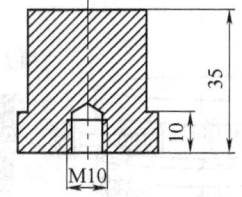

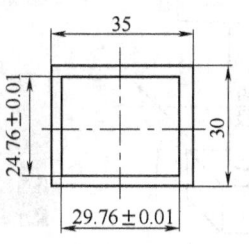

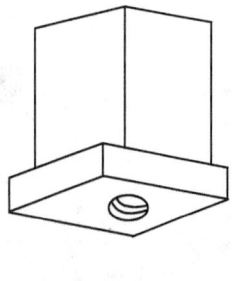

图 12-11　纯铜电极

电极与工件在垂直的情况下进行加工。电极的装夹方式有自动装夹和手动装夹两种。自动装夹电极是先进数控电火花成形机床的一项自动功能。它是通过机床的电极自动交换装置（ATC）和配套使用电极专用夹具（EROWA、3R）来完成电极换装的，使用电极专用夹具可实现电极的自然校正，无需对电极进行校正或调整，能够保证电极与机床的正确位置关系，大大减少了电火花加工过程中装夹、重复调整的时间。手动装夹电极是指使用通用的电极夹具，通过可调节电极角度的夹头来校正电极，由人工完成电极装夹、校正操作。下面介绍手动装夹电极及校正。

1. 电极装夹

电极的装夹大多采用通用夹具直接将电极装在机床主轴下端。常用的电极夹具有标准套筒、钻夹头、标准螺纹夹具等，如图12-12所示。

2. 校正方法

电极装夹后必须进行垂直度校正，常用百分表和精密直角尺进行校正。

（1）用百分表校正 如图12-13所示，电极通过螺钉4固定在主轴头上，螺钉1（左右各1个）可调整电极与工作台X轴或Y轴平行，螺钉2（左右各1个）可调整电极左右水平，螺钉3（前后各1个）可调整电极前后水平。

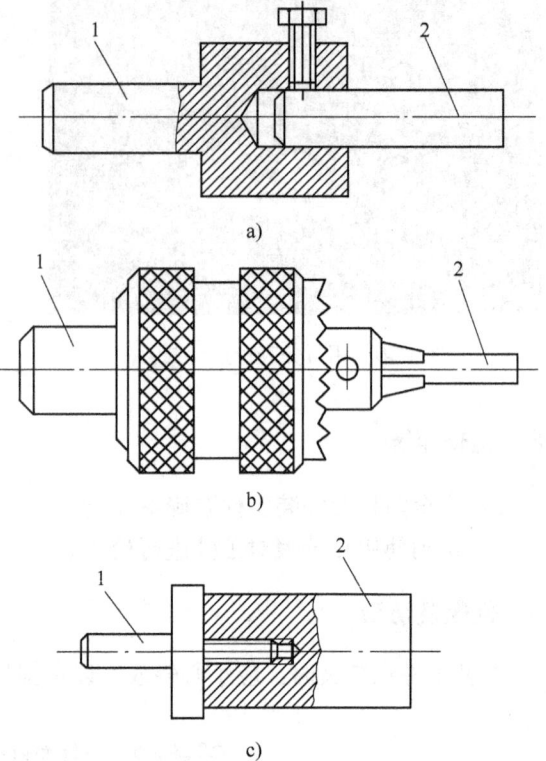

图 12-12 电极装夹形式
a) 标准套筒装夹 1—标准套筒 2—电极
b) 钻夹头装夹 1—钻夹头 2—电极
c) 标准螺纹夹具装夹 1—标准螺纹夹具 2—电极

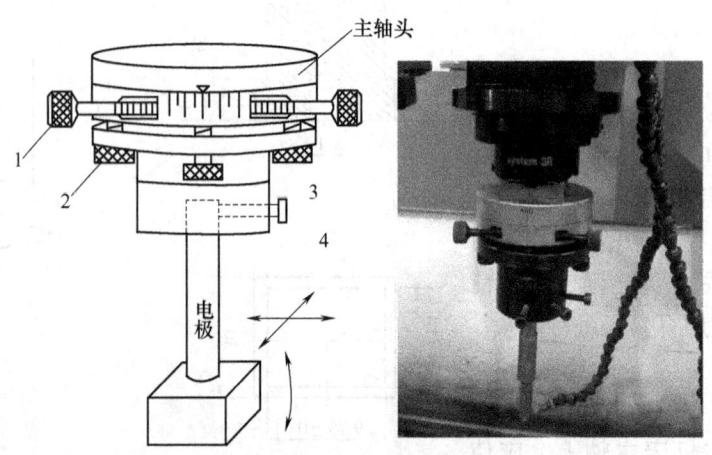

图 12-13 主轴头与电极

百分表校正电极的方法如图 12-14 所示，先将百分表吸附在工作台上，表针贴紧在电极前表面，并显示一读数，沿 X 轴来回移动工作台，同时调整螺钉 1，直至百分表指针数值基本保持不变，则电极与工作台 X 轴保持平行（见图 12-14a）；然后将表针仍贴紧在电极前表面上，并显示一读数，上下移动主轴头，同时调整螺钉 3，直至百分表指针数值基本保持不变，则电极前后保持水平（见图 12-14b）；最后将表针贴紧在电极侧面上，并显示一读数，上下移动主轴头，同时调整螺钉 2，直至百分表指针数值基本保持不变，则电极左右保持水平（见图 12-14c）。为保证电极垂直度的准确性，应重复前面的操作，对电极垂直度进行校正检验。对于一些形状不规则的电极，应在电极上设计校正面。

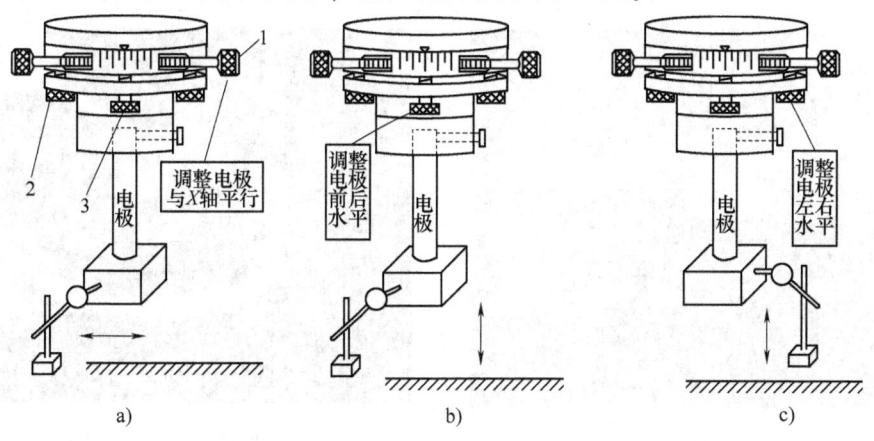

图 12-14 用百分表校正电极

（2）用精密直角尺校正　用精密直角尺对电极进行校正，电极必须要有校正基准面，如图 12-15 所示，电极的校正基准面为电极的四个侧面。电极在装夹时，由侧面贴紧主轴头的装夹槽，通过调整螺钉 1 将主轴头的"0"刻度上下对正，基本保证电极与工作台 X 轴或 Y 轴平行，然后用精密直角尺以工作台为基准，分别靠贴电极互相垂直相邻的两个侧面，调整螺钉 2 和 3，让直角尺的垂直边贴平电极的侧面，来保证电极的前后、左右水平。用精密直角尺对电极进行校正，校正精度不高。

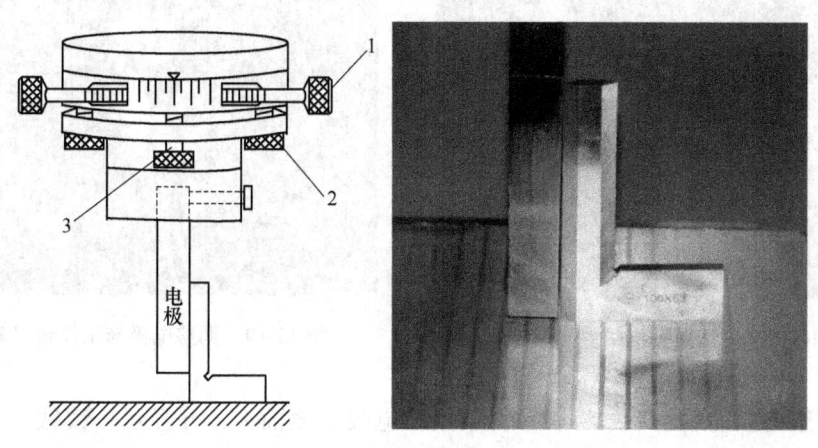

图 12-15 用精密直角尺校正

任务准备

电火花机床若干台,电极、杠杆式百分表、0号砂纸等。

任务实施

(1) 选择电极夹具 该电极可选用标准螺纹夹具装夹。装夹前,将电极边角毛刺及异物用0号砂纸去除,用M10螺杆拧紧电极并用螺母压紧(见图12-16)。

(2) 调正主轴头 将主轴头刻度盘上的刻度上下对"0"(见图12-17)。

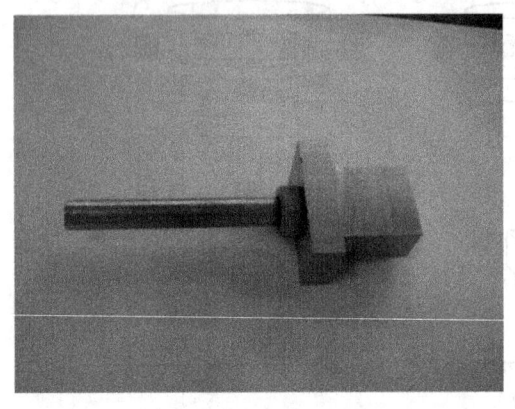

图12-16 电极夹具

图12-17 调整主轴头

(3) 将钻夹头装在主轴头上,并用螺钉固定,然后利用钻夹头将M10螺杆夹紧(见图12-18)。

(4) 调整电极与工作台 X 轴平行 先将百分表吸附在工作台上,用百分表表针贴紧在电极前表面,并显示一读数,沿 X 轴来回移动工作台,同时调整螺钉1,直至百分表指针数值基本保持不变,则电极与工作台 X 轴保持平行(见图12-19)。

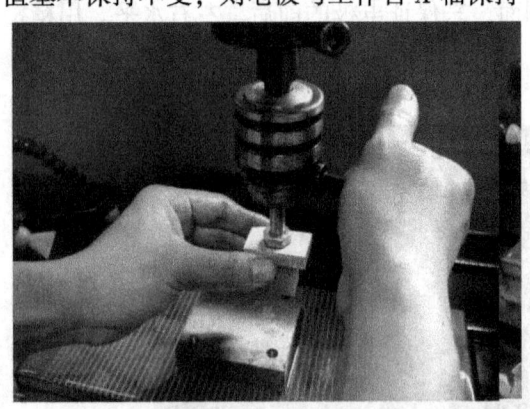

图12-18 将钻夹头装在主轴上

图12-19 调整电极与工作台 X 轴平行

(5) 调整电极前后水平 将表针仍贴紧在电极前表面上,并显示一读数,上下移动主轴头,同时调整螺钉3,直至百分表指针数值基本保持不变,则电极前后保持水平(见图

12-20)。

(6) 调整电极左右水平　将表针贴紧在电极侧面上,并显示一读数,上下移动主轴头,同时调整螺钉2,直至百分表指针数值基本保持不变,则电极左右保持水平(见图12-21)。

图12-20　调整电极前后水平

图12-21　调整电极左右水平

(7) 重复前面步骤4~6,校核电极垂直度是否准确。

检查评议

1) 检查电极装夹是否正确。
2) 检查使用百分表对电极进行校正的方法是否正确。

问题及防治

由于纯铜电极硬度低,极易被其他物体碰撞而变形,因此在装夹过程中要小心谨慎。

扩展知识

采用快速装夹定位系统来制造电极是电火花加工的一种先进工艺方法,它是将电极坯料装夹在加工机床的装夹系统上来制造,制造完成后,可直接将电极装于电火花机床的快速装夹系统上进行放电加工,给加工操作带来了很大的方便,提高了电极的制造效率,也保证了电极的装夹、定位精度。

任务3　电极与工件的定位

任务描述

如图12-22所示为工件图,如图12-23所示为纯铜电极,在装夹、校正完成后,将电极和工件的加工位置确定下来。

任务分析

当工件和电极装夹、校正完成后,就需要将电极对准工件的加工位置,才能在工件上加工出准确的型腔。电极与工件的定位方法，就是确定电极基准与工件基准在 X、Y 及 Z 三个坐标轴的一致性。

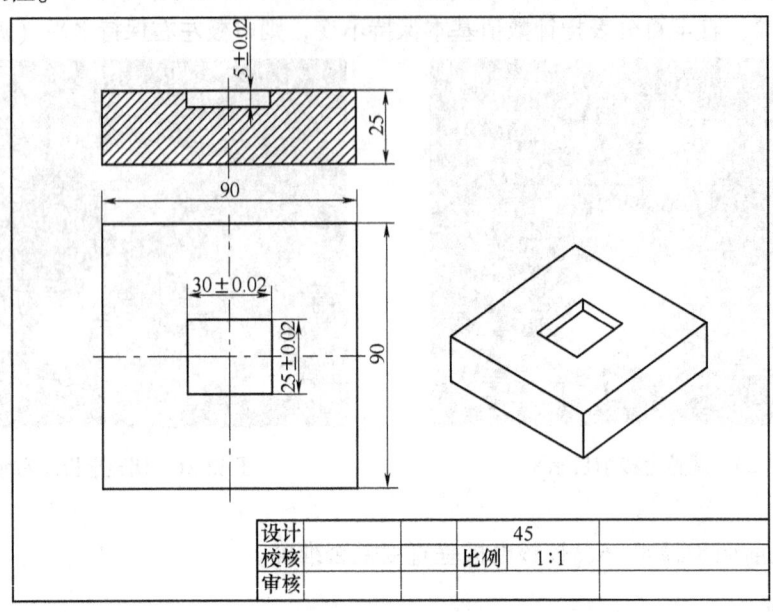

图 12-22　工件图

🔍 **相关知识**

电极与工件的定位方法如下：

（1）四面分中法　模具制造电火花加工最常用的定位方法是利用电极基准中心与工件基准中心之间的距离来确定加工位置，称之为"四面分中"。利用电极基准中心与工件单侧之间的距离确定加工位置的定位方法也比较常用，称之为"单侧分中"。

四面分中法通常运用电火花加工机床的接触感知功能来获得正确的加工位置，它可以直接利用电极的基准面与工件的基准面进行接触感知实现定位。精密模具电火花加工采用基准球进行接触感知定位，点接触减少了误差，可实现较高精度的定位。也可利用电火花微放电配合四面分中法来确定电极与工件的加工位置。

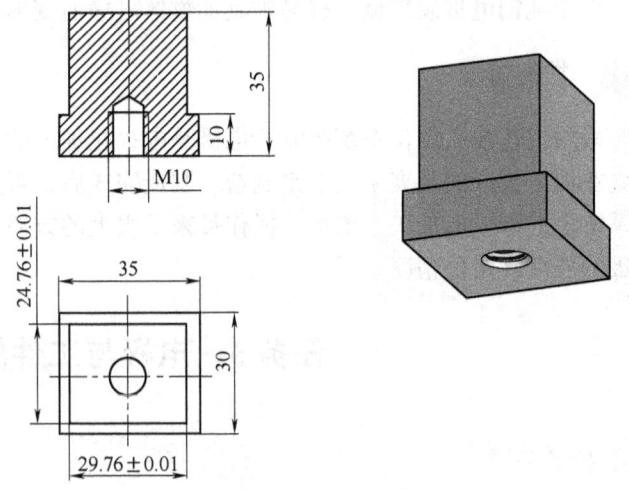

图 12-23　纯铜电极

如图 12-24a 所示，工件中心为坐标原点，电极在 1 处刚刚与工件相碰时，利用接触感知功能，电火花成形机床会发出报警声，此时将机床的 X 轴坐标值清零，然后将电极移到 2

处,再让电极在2处刚刚与工件相碰,利用接触感知功能,电火花成形机床亦会发出报警声,按下机床的分中键,将机床的X轴坐标值分中(即坐标轴数值除以2),若电极移到工件的中心点,则机床X轴坐标值为零;用相同的方法将Y轴进行分中。最后操作X轴和Y轴的工作台手柄,使X轴和Y轴的坐标值为零时,此时电极正好移到工件的中心点。

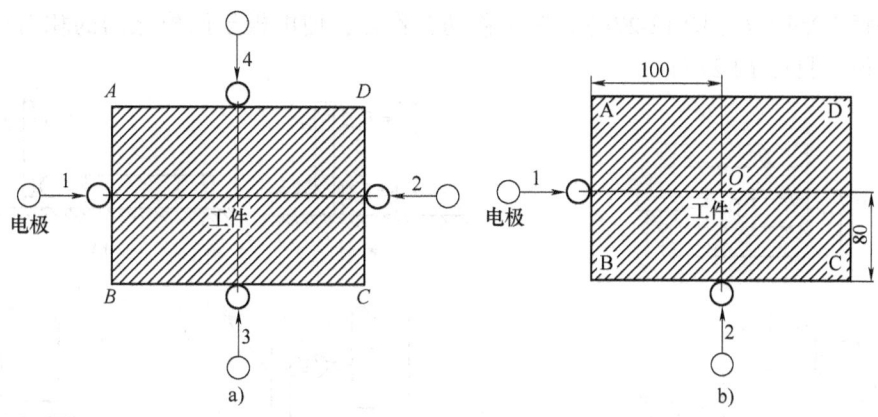

图12-24 四面分中法
a) 四面分中 b) 单侧分中

如图12-24b所示为单侧分中,同四面分中原理相似,其仅用电极分别碰1和2两个侧面,并将相应的坐标轴清零,同时分别计算出X轴和Y轴方向上电极中心点到工件中心点的位置数值,然后将电极移向工件的中心位置,当机床的X轴和Y轴坐标值刚好和计算出的数值相同时,侧电极中心与工件中心重合。此时再将X轴和Y轴坐标值清零。

(2) 量块直角尺法 如图12-25所示,先在凹模X和Y方向的外侧表面上磨出两个定位基准面,并根据加工要求计算出电极至两基准面之间的距离x、y。电极装夹后下降至接近凹模,使精密直角尺与凹模定位基准面吻合,然后在直角尺与电极之间垫入尺寸分别为x和y的量块,调整凹模的位置使量块的松紧程度适宜,便可使工件正确定位并加以紧固。这种方法简单省时,适用于电极基准与凹模基准互相平行的单型孔或多型孔的定位。

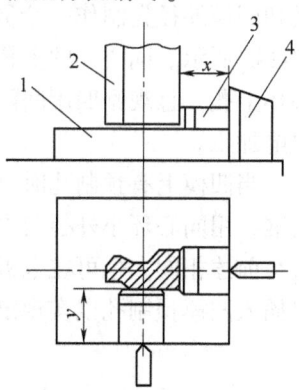

图12-25 量块直角尺法
1—凹模 2—电极 3—量块
4—直角尺

(3) 测定器法 如图12-26所示,测定器中两个基准平面间的尺寸z是固定的,它可配合量块和千分表进行定位。在凹模外侧磨出基准面,并根据加工要求计算出电极至基准面之间的距离x,在测定器内垫入量块,尺寸为$H = z - x$,然后靠上千分表使表头接触量块,并记下读数。定位时,将千分表靠在凹模基准面上,表头接触电极,移动凹模使千分表指示为原读数,这时定位尺寸即为x,即可紧固工件。此方法也应在相互垂直的两个方向上进行定位。

(4) 用直角尺和千分表定位 用直角尺和千分表定位的方法如图12-27所示。先在凹模外侧磨出两个相互垂直的基准面,将两个基准面调整至与机床纵横拖板平行,并将凹模固紧在机床工作台上。同时根据加工要求,计算出电极至凹模基面之间的距离x和y。

将两只千分表装在精密直角尺上,借助另一个精密直角尺调整两只千分表的读数均在"0"位(见图12-27a),然后用下面的千分表靠上已装夹的凹模基准面,调整直角尺的位置使千分表读数为"0"(见图12-27b)。移动工作台,使电极的基准面(电极基准面已调整至与机床纵横拖板平行)与上面的千分表相靠并使其读数为"0",此时电极与凹模的基准面处于同一垂直平面(见图12-27c)。最后移动工作台,使电极至凹模之间的相对位置为 x,即实现定位(见图12-27d)。

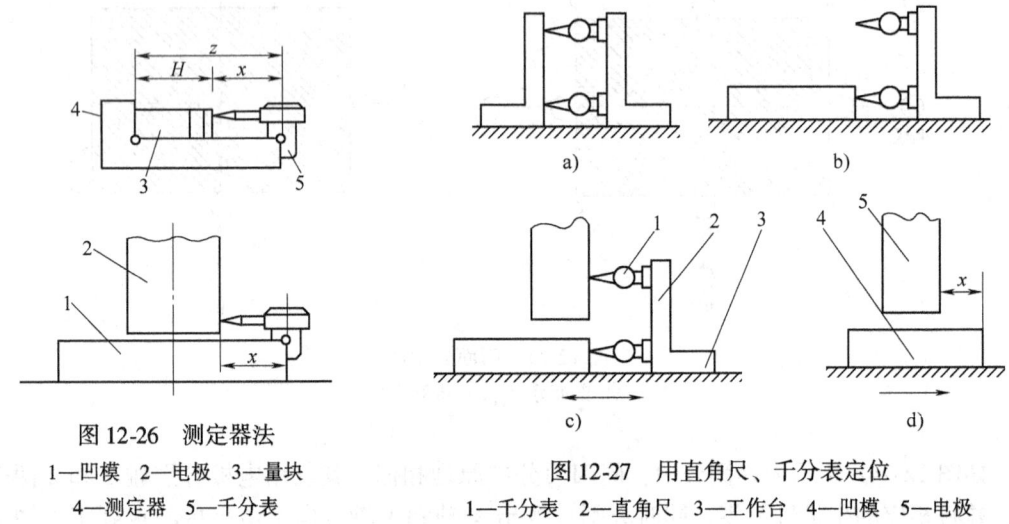

图 12-26 测定器法
1—凹模 2—电极 3—量块
4—测定器 5—千分表

图 12-27 用直角尺、千分表定位
1—千分表 2—直角尺 3—工作台 4—凹模 5—电极

(5) 同心环(轮毂)定位 当凹模外侧为圆形且要求加工的孔和外圆同心时,则按电极和凹模外径先制作一个同心环,以凹模外径为基准,用同心环下孔与之配合定位,如图12-28a所示。同心环的上孔比电极外径大 0.02~0.03mm,调整凹模的位置,使电极插入同心环上孔,且观察四周间隙均匀,便可使凹模定位准确并加以紧固。把同心环取下,再进行放电加工。

当凹模上有预制孔时(见图12-28b),可按预制孔和电极外径制作同心环,以预制孔为基准,用同心环小外径与之配合定位。同心环的上孔比电极外径大 0.02~0.03mm,调整方法与前述相同。也可在电极前端设置比凹模预制孔小 0.02~0.03mm 的同心轮毂,使同心轮毂插入凹模预制孔以实现定位(见图12-28c)。

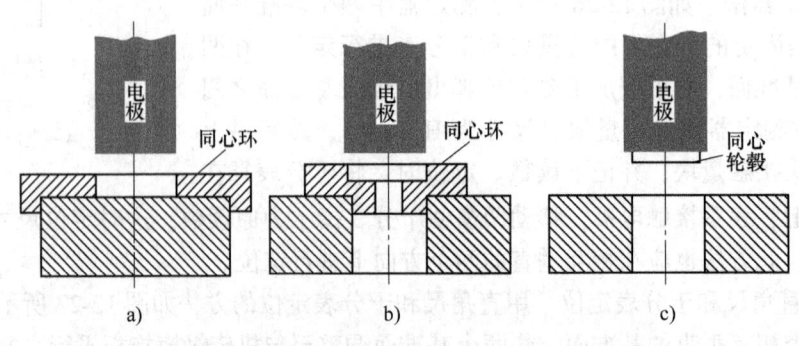

图 12-28 用同心环(轮毂)定位

(6) 套板、定位销法 用套板和定位销进行定位的方法如图 12-29 所示。先将凹模四周磨成相互垂直，测出凹模外形实际尺寸，根据此尺寸确定套板上各凹模定位销的位置。再测出电极有关的实际尺寸，根据此实际尺寸和多电极之间的相对位置，以及电极与凹模四周的相对位置，计算出套板上各电极定位销的位置。然后，用坐标镗床钻出套板上各凹模定位销和电极定位销的孔，铰孔后装入定位销。定位时，将套板套在凹模上，调整凹模的位置，使电极导入定位销后将凹模锁紧。电加工时将套板除去。

这种方法适合于不规则的型腔和型孔加工，且电极基准与凹模外形基准不成平行或垂直关系时的定位。

(7) 直角尺测十字线的定位方法 如图 12-30 所示，该方法分别在电极固定板和凹模板的上面和两个侧面同时划出中心十字线，用刀口形直尺在两个垂直方向上进行测量，注意直角尺的垂直度。调整凹模的位置使电极固定板和凹模板上的十字线重合，即可实现定位。这种方法简便易行，适用于定位精度要求不高的型腔加工。

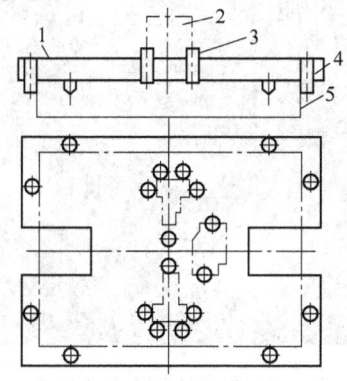

图 12-29 套板和定位销定位方法
1—套板 2—电极 3—电极定位销
4—工作定位销 5—凹模

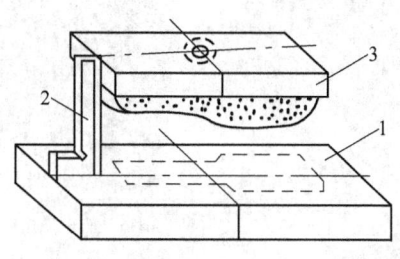

图 12-30 直角尺测十字线的定位方法
1—凹模板 2—刀口形直尺 3—电极固定板

目前的数控电火花加工机床都具有自动找内中心、找外中心、找角、找单侧等功能，这些功能只要输入相关的测量数值，即可方便地实现加工的定位，比手动定位要方便得多。

任务准备

电火花成形机床若干，工件、电极。

任务实施

1) 电极、工件装夹校正完毕，先将电极与工件在 X 坐标轴方向上分中定位。如图 12-31 所示，电极在工件的 X 坐标轴的左面碰边，坐标清零，再将电极移至工件的 X 坐标轴的右面碰边，如图 12-32 所示，按下分中键，此时电极与工件已在 X 坐标轴方向上分中定位。

2) 电极与工件在 Y 坐标轴方向上的分中定位如图 12-33 所示，电极在工件的 Y 坐标轴的后面碰边，坐标清零，再将电极移至工件的 Y 坐标轴的前面碰边，如图 12-34 所示，按下分中键，此时电极与工件已在 Y 坐标轴方向上分中定位。

图 12-31　X 坐标轴方向上分中定位（一）

图 12-32　X 坐标轴方向上分中定位（二）

图 12-33　Y 坐标轴方向上分中定位（一）

图 12-34　Y 坐标轴方向上分中定位（二）

3）电极与工件在 Z 坐标轴方向上的定位如图 12-35 所示，将电极移至工件中心的上表面位置，同时按下放电开关和主轴头下移键，主轴头带动电极自动下移，直至电极底面碰到工件上表面后自动停止，此时将 Z 轴的坐标清零。这表明电极的底面中心为坐标原点与工件的上表面中心为坐标原点，两点重合。

至此，电极与工件的 X、Y、Z 三轴定位已全部完成。

检查评议

本任务重点考核学生会在电火花成形机床上用四面分中法进行电极与工件的定位。

问题及防治

图 12-35　Z 坐标轴方向上定位

用四面分中法对电极与工件进行定位时，电极与工件的基准边必须清除毛刺和污物，否则定位精度会降低。

思考与练习

一、填空题

1. 电火花加工工件常见的装夹方式有_____、_____和_____三种。
2. 工件装夹在工作台上，要对其进行_____，以保证工件的坐标系方向与_____方向一致。
3. 电极的装夹方式有_____和_____两种。
4. 常用的电极夹具有_____、_____、_____等。

二、简答题

1. 简述电火花加工工件的常见装夹方法及其特点。
2. 简述常用的电极装夹方法。
3. 如何用百分表校正电极？
4. 电极与工件的定位有哪些常用的方法？
5. 在电火花加工中，怎样实现电极在加工工件上的精确定位？

三、操作题

装夹工件，并用百分表对工件进行找正。

单元 13　电加工参数的选择

知识目标

♪ 了解电火花成形加工工艺的基本规律
♪ 了解电火花加工中的电规准及电规准的转换

技能目标

♪ 正确选择电加工参数对工件进行加工

任务描述

图 13-1 所示为纯铜电极，用表 13-1 所列的电加工参数对 45 钢板钢进行加工，加工深度为 1mm，并记录各段加工中的脉冲宽度、脉冲间隔、极间电压、放电时间、伺服速度、高压、积炭准位、排渣时间、工件尺寸、表面粗糙度等数值。

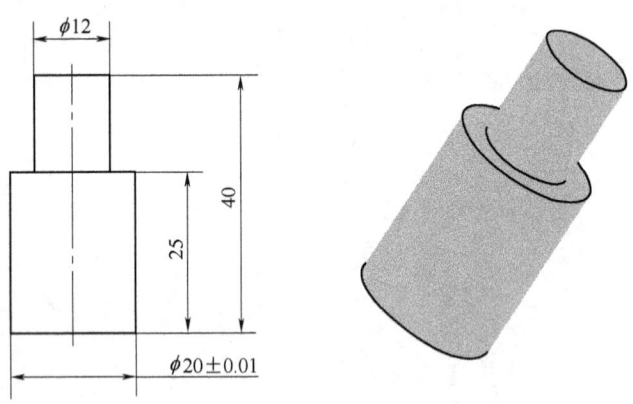

图 13-1　纯铜电极

表 13-1　电加工参数

段数	规准	电流参数	电流	极性
0	粗	8	20	—
1	中	6	6	—
2	精	3	3	—

任务分析

在电火花加工中，选择的电规准是否恰当，不仅影响模具的加工精度，还直接影响加工的生产率和经济性。通过此次任务实施，让学生了解电火花成形加工工艺的基本规律，正确选择粗、中、精加工的脉冲参数，加工出合格的工件。

相关知识

1. 电火花成形加工工艺基本规律

电火花加工是靠放电瞬时产生的局部高温，使电极材料熔化和汽化而达到去除多余材料的目的。为了充分发挥电火花成形加工机床的功能，就应当了解和掌握电火花加工的基本工艺，针对不同的工件材料和技术要求，正确选择合适的电极材料以及粗、中、精加工的脉冲参数。确保加工出合格的工件。

下面对电火花加工时的加工速度、工具电极的损耗、加工表面质量及影响加工精度的主要因素进行分析。

(1) 影响材料放电蚀除速度的主要因素

1）极性效应。在脉冲放电过程中，工件和电极都要受到电腐蚀。但正、负两极的蚀除速度不同，这种两极蚀除速度不同的现象称为极性效应。在国内，通常把工件与脉冲电源正极相接的加工称为"正极性"加工，把工件与脉冲电源负极相接时的加工称为"负极性"加工。

产生极性效应的原因很复杂，对这一现象的粗略解释是：在火花放电时，正、负极放电部位分别受到负电子和正离子的轰击，由于电子的质量和惯性都很小，容易获得很高的加速度和速度，所以在击穿放电的初始阶段就有大量电子射到正极，把能量传递给正极表面，使正极材料迅速熔化、汽化；而正离子则因其质量和惯性均较大，启动和加速慢，故在放电初始阶段只有少量离子到达负极表面。当用窄脉冲宽度加工（大多用于精加工）时，负电子对正极的轰击作用大于离子对负极的轰击作用，正极材料的蚀除速度高于负极材料的蚀除速度。所以精加工时，工件应接脉冲电源的正极，即应采用正极性加工；而当放电持续时间长（脉冲宽度大）时，正离子有足够时间加速，到达负极表面的离子数将随脉冲宽度增大而增多，由于正离子质量大，传递给负极的能量就大，导致负极材料蚀除高于正极。因此，粗加工时，工件应接脉冲电源的负极，即采用负极性加工。

但当工具电极和工件均为钢（即所谓的"钢打钢"）时，不论粗、精加工，一律采用负极性加工，才能获得低损耗。

在电火花加工过程中，工件加工得快，电极损耗小是最好的，因此极性效应越显著越好。在实际加工中，应当充分利用极性效应的积极作用。

2）电加工参数的影响

①脉冲宽度。在峰值电流不变的情况下，增大脉宽，电极损耗减小，加工速度提高。但当脉宽太大时，因为扩散的能量加大，反而会使加工速度下降。

②脉冲间隔。脉冲间隔对单位时间内的脉冲数（即脉冲频率）有直接影响。脉冲间隔减小，放电频率提高，生产率相应提高。但当脉冲频率高到一定数值后，反而会使生产率下降。

③放电脉冲平均功率。在正常情况下，加工速度与平均功率成正比，即增大单个脉冲能量（增大峰值电流和峰值电压）及减小脉冲间隔，一般均有助于提高加工速度。但随着单个脉冲能量的增加，工件表面粗糙度值也随之加大；而脉冲间隔过短，来不及消电离，则易产生电弧放电而损伤工件。所以，在实际应用中要综合考虑利弊，选择合适的电加工参数。

3）工件材料。工件材料的性能如熔点、沸点、热导率、热容等与加工速度有关。工件材料的熔点和沸点越高，热容量越大，加工速度就越低；导热性能好，一般也不利于加工速度的提高。此外，材料的组织结构对加工速度也有一定影响，而加工速度与工件材料的硬度、强度等关系不大。

4）面积效应。当加工电流一定时，面积过小会导致加工速度的下降。这是因为面积过小，加工电流密度大，放电集中，放电间隙中蚀除产物难以排出，正常放电不稳定，导致生产率下降。

(2) 加工速度与工具电极的损耗速度

1）加工速度。一般常用单位时间蚀除的材料体积来表示加工速度（mm^3/min），有时（如检测加工指标时）也用单位时间蚀除的材料质量（g/min）来表示加工速度。由前面内容可知，提高加工速度的途径主要有提高放电脉冲频率及增大单个脉冲能量。通过压缩脉冲间隔可提高放电脉冲频率，但脉冲间隔过短易产生电弧放电，反而降低加工速度；而增大单个脉冲能量主要依靠加大脉冲频率峰值电流及加大脉冲宽度，但也要适度。高加工速度只适用于电火花成形加工中的粗、中加工。

2）工具电极损耗速度。在生产实际中，人们关心的是电极是否耐损耗，通常用"相对损耗"来评价：

$$电极相对损耗 = \frac{电极损耗体积}{去除工件体积} \times 100\%$$

或者用称量法表示：

$$电极相对损耗 = \frac{电极损耗质量}{去除工件质量} \times 100\%$$

为了降低电极的相对损耗，必须充分利用放电过程的极性效应和吸附效应，同时要选用适宜的材料制作电极。

①正确选择极性。通常在窄脉宽精加工时采用正极性加工（即工件接脉冲电源正极），而在宽脉冲粗加工时采用负极性加工。

实验表明，当用纯铜电极加工钢工件时，采用正极性加工，无论脉冲宽度大小如何，电极相对损耗均大于10%；而采用负极性加工，电极相对损耗随脉宽的增大而明显减少，当脉宽大于120μs时，电极相对损耗将小于1%。只有当脉冲宽度小于15μs时，正极性加工的电极相对损耗才比负极性加工时小。

②利用吸附效应。当使用煤油作工作液时，在放电过程中，在局部高温作用下，煤油将发生分解，产生大量的炭微粒。这些微粒一般带负电荷，在电场力作用下逐步向正极移动并吸附到正极表面，形成吸附炭层，通常称其为"炭黑膜"。当采用负极性加工时（电极接脉冲电源正极），炭黑膜将对电极起到保护和补偿作用，从而能实现所谓的"低损耗加工"或"无损耗加工"。由于炭黑膜只能在正极表面形成，因此只有采用负极性加工才能利用炭黑膜的补偿保护作用。为保持适宜的温度场和电极吸附炭黑的时间，增大脉宽是有利的。实验

表明,当峰值电流、脉冲间隔一定时,炭黑膜厚度随脉宽的增大而增加;而当峰值电流、脉冲宽度一定时,炭黑膜厚度随脉冲间隔的增大而减小。这是由于脉冲间隔增大,放电间隙中介质的消电离作用增强,放电通道分散、电极表面温度降低,使吸附效应下降所致。反之,随脉冲间隔的减少,电极损耗因炭黑膜补偿保护作用增强而降低。但脉冲间隔太小将使放电间隙来不及充分消电离、蚀除产物来不及排出而导致电弧烧伤。因此,采用强迫冲、抽油有助于蚀除产物的排出及间隔的消电离,使加工保持稳定。但是,强迫冲、抽油将使吸附效应降低,不利于降低电极损耗。因此,在加工过程中采用冲(抽)油时,要注意控制冲(抽)油的压力,使其在发挥排出电蚀产物及消电离作用的同时,又不使吸附效应明显下降。

③正确选用电极材料。选用合适的电极材料是减少工具电极损耗的重要措施。钨、钼等高熔点合金虽然损耗小,但因其机械加工性能差,价格昂贵,除电火花线切割加工用作电极丝外,在电火花成形加工中很少采用(加工微细孔、狭槽等特殊用途除外);铜的熔点虽低,但其导热性好,因此损耗较小,常用作中、小型腔加工的电极材料;石墨热稳定性好,熔点高,而且在大脉宽加工时能吸附工作液中的游离碳,补偿电极的损耗,所以相对损耗很小,因其比重很小(只有纯铜的1/4),故广泛用于粗加工及大型腔加工的电极材料;铜石墨、铜钨、银钨合金等复合材料导热性好,且熔点高,故损耗小。但其价格偏高,且机械加工性能较差,通常仅在精密加工或特殊加工中采用。

应当注意的是,上述诸因素对电极损耗的影响往往是综合的,应根据生产实践,不断摸索、总结工艺经验,追求最佳的工艺效果。

(3) 影响表面质量的主要因素　表面质量主要包括表面粗糙度、表面组织变化层以及表面微观裂纹。

1) 表面粗糙度。电火花加工后的表面,是由脉冲放电时所形成的大量凹坑排列重叠而形成的。电火花加工的表面粗糙度主要取决于单个脉冲能量。单个脉冲能量越高,表面越粗糙。

工件的材质对表面粗糙度也有一定的影响。例如,熔点高的硬质合金,在相同脉冲能量下加工可获得比钢更小一些的表面粗糙度值,但加工速度比加工钢件的速度低。

电火花加工的表面粗糙度值,粗加工一般可达 $Ra25 \sim 12.5\mu m$,精加工可达 $Ra3.2 \sim 0.8\mu m$,微细加工可达 $Ra0.8 \sim 0.2\mu m$。加工时由于电极的相对运动,侧壁表面粗糙度值比底面小。近年来研制的超光脉冲电源已使电火花成形加工的表面粗糙度值达到 $Ra0.20 \sim 0.10\mu m$。

2) 表面组织变化层。经电火花加工后的表面将产生包括凝固层和热影响层的表面组织变化层,它的化学(工作介质和石墨电极的碳元素渗入工件表层)、物理、力学性能均有所变化。

凝固层是工件表层材料在脉冲放电的瞬时高温作用下熔化后未能抛出,在脉冲放电结束后迅速冷却、凝固而保留下来的金属层。其晶粒非常细小,有很强的抗腐蚀能力。

变化层的深度与工件材料和电加工参数有关。单个脉冲能量越大、脉宽越宽,变化层就越深。粗加工时变化层厚度可达 $0.1 \sim 0.5mm$,精加工及微精加工时约为 $0.003 \sim 0.01mm$。

3) 表面微观裂纹。电火花加工表面由于熔化后再凝固,所以存在较大的拉应力,有时存在显微裂纹,如果材料的抗拉强度高,则裂纹敏感性小。钛合金电加工后表面裂纹倾向较大,特别是当脉宽超过 $100\mu s$ 而脉冲间隔也偏小时(小于或等于脉冲宽度),表面就极易产生显微裂纹。加工硬质合金和陶瓷等脆性材料时，更易产生表面微观裂纹。同样，随着材料脆性、脉冲宽度及单个脉冲能量的加大，裂纹产生的可能性也加大；反之，则不易产生裂纹。因此电火花粗加工后，应进行精加工，将变化层的深度尽量减小，以满足工件的使用要求。实验表明，当电火花加工表面粗糙度值达到 $Ra0.32\sim0.08\mu m$ 时，电火花加工表面的耐疲劳性能将与常规机械加工表面相似。

(4) 影响电火花加工精度的主要因素 影响电火花加工精度的因素很多，除电火花成形加工机床的机械精度、传动精度、控制系统精度及电极装夹、定位精度等非电火花加工工艺因素对加工精度有直接影响外，影响电火花成形加工精度的工艺因素还有以下几个。

1) 放电间隙的大小及其一致性。当放电间隙恒定时，不会影响加工精度。但实际加工中，有关参数不可避免地要发生变化，特别是排屑条件及放电间隙中电蚀产物浓度的变化，导致加工区域二次放电机会不同，从而使得放电间隙不均匀，产生加工斜度及不均匀圆角等。

除了间隙能否保持均匀一致外，间隙大小对加工精度同样有影响，尤其是复杂形状的加工表面，其棱角部位电场强度分布不均，间隙越大，影响也越大。因此，从减小加工误差的角度考虑，应当采用弱的加工规准，缩小放电间隙，以提高仿形精度。电加工参数对放电间隙的影响非常显著，精加工时放电间隙一般只有 0.01mm 左右，而粗加工时可达 0.3～0.5mm。保持加工过程的稳定性对保持间隙均匀是非常重要的，所以放电间隙并不是越小越好，因为间隙过小，单个脉冲能量很小，加工效率低，而且因排屑不畅而使得加工不稳定，从而导致放电间隙不均匀，加工精度反而降低。

提高间隙电压及增大单个脉冲能量都能加大放电间隙。

2) 工具电极的影响。

①电火花成形加工是"仿形"加工，所以工具电极的制造精度对加工精度有直接影响。

②工具电极的损耗也直接影响成形加工的精度。电极损耗越小，仿形越精确，加工精度就越高。在放电加工时，由于尖端部位电场强度大而出现尖端放电现象，使电极的尖角及棱边处的损耗较大，直接影响了仿形精度。脉冲电压越高，单个脉冲能量越大，尖角及棱边处的损耗就越大。因此，采用高频窄脉宽精加工，放电间隙小，圆角半径可以明显减小，因而提高了仿形精度。

③要正确选择加工极性，充分利用极性效应。

目前电火花成形加工的精度一般可达 0.01～0.05mm，而精密光整加工时可小于 0.005mm。

2. 电规准的选择与转换

电火花加工中所选用的一组电脉冲参数称为电规准。电规准应根据工件的加工要求、电极和工件材料、加工的工艺指标等因素来选择。选择的电规准是否恰当，不仅影响模具的加工精度，还直接影响加工的生产率和经济性，在生产中主要通过工艺试验确定。通常要用几个规准才能完成凹模型孔加工的全过程。电规准分为粗、中、精三种。从一个规准调整到另一个规准称为电规准的转换。

(1) 粗规准 要求粗规准以高的蚀除速度加工出型腔的基本轮廓，电极损耗要小，被加工表面不能太粗糙（表面粗糙度值小于 $Ra<12.5\mu m$），以免增大精加工的工作量。为此，一般选用宽脉冲（$t_i>500\mu s$），大的峰值电流，用负极性进行粗加工。但应注意加工电流与加工面积之间的配合关系,一般用石墨电极加工钢的电流密度为 $3\sim5A/cm^2$,用纯铜电极加工钢的电流密度可稍大些。

(2) 中规准 中规准的作用是减小被加工表面的粗糙度值(一般中规准加工时表面粗糙度值为 $Ra6.3\sim3.2\mu m$),为精加工作准备。要求在保持一定加工速度的条件下,电极损耗尽可能小。一般选用脉冲宽度 $t_i=20\sim400\mu s$。

(3) 精规准 精规准是用来使型腔加工达到的最终要求,所去除的余量一般不超过 $0.1\sim0.2mm$。因此,常采用窄的脉冲宽度($t_i<20\mu s$)和小的峰值电流进行加工。由于脉冲宽度小,电极损耗大(约25%左右)。但因精加工余量小,故电极的绝对损耗并不大。被加工表面粗糙度值可达 $Ra1.6\sim0.8\mu m$。

粗、精规准的正确配合,可以较好地解决电火花加工的质量和生产率之间的矛盾。凹模型孔用阶梯电极加工时,电规准转换的程序是:当阶梯电极工作端的台阶进给到凹模刃口处时,转换成中规准过渡加工 $1\sim2mm$ 后,再转入精规准加工,若精规准有两挡,还应依次进行转换。在规准转换时,其他工艺条件也要适当配合,粗规准加工时,排屑容易,冲油压力应小些;转入精规准后加工深度增加,放电间隙小,排屑困难,冲油压力应逐渐增大;当穿透工件时,冲油压力适当降低。对加工斜度、表面粗糙度值要求较小和精度要求较高的冲模加工,要将上部冲油改为下端抽油,以减小二次放电的影响。

近几年来广泛使用的伺服电极主轴系统,能准确地控制加工深度,因而精加工余量可减小到 $0.05mm$ 左右,加上脉冲电源又附有精微加工电路,精加工可达到表面粗糙度值小于 $Ra0.4\mu m$ 的良好工艺效果,而且精修时间较短。

(4) 电规准的转换 电规准转换的挡数,应根据加工对象确定。加工尺寸小、形状简单的浅型腔,电规准转换挡数可少些;加工尺寸大,深度大,形状复杂的型腔,电规准转换挡数应多些。粗规准一般选择一挡;中规准和精规准选择 $2\sim4$ 挡。

开始加工时,应选粗规准参数进行加工,当型腔轮廓接近加工深度(大约留 $1mm$ 的余量)时,减小电规准,依次转换成中、精规准各挡参数加工,直至达到所需的尺寸精度和表面粗糙度。

型腔的侧面修光是靠调节电极的平动量来实现的。当采用单电极平动加工时,在转换电规准的同时,应相应调节电极的平动量。

任务准备

电火花成形机床若干,工件、电极等。

任务实施

1) 工件的装夹与校正(具体操作参考单元12)。
2) 电极的装夹与校正(见图13-2~图13-5,具体操作参考单元12)。
3) 用四面分中法对电极与工件进行定位(见图13-6~图13-8,具体操作参考单元12)。
4) 将电极移至0段加工的坐标点上,设置0段电加工参数(见图13-9),将工件加工至深度要求,记录其余参数值,填写在表13-2中。
5) 将电极移至1段加工的坐标点上,设置1段电加工参数(见图13-10),将工件加工至深度要求,记录其余参数值,填写在表13-2中。

图 13-2　主轴头调零

图 13-3　装夹电极

图 13-4　电极前后校正

图 13-5　电极左右校正

图 13-6　X 轴定位

图 13-7　Y 轴定位

图 13-8　Z 轴定位

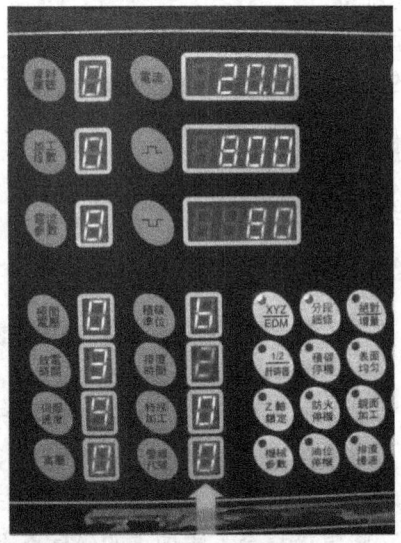

图 13-9　0 段加工面板显示

6）将电极移至 2 段加工的坐标点上，设置 2 段加工参数（见图 13-11），将工件加工至深度要求，记录其余参数值，填写在表 13-2 中。

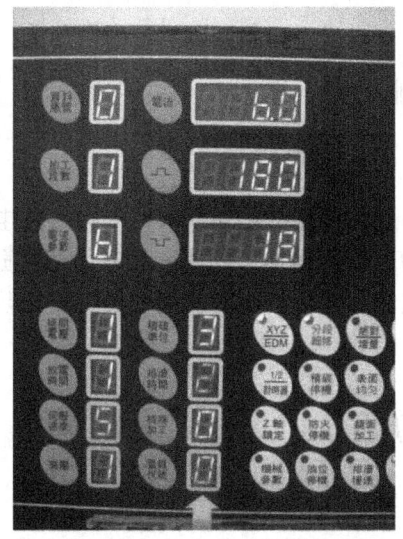

图 13-10　1 段加工面板显示

图 13-11　2 段加工面板显示

表 13-2　电加工参数

段数	规准	电流参数	电流/A	极性	脉冲宽度	脉冲间隔	极间电压	放电时间	伺服速度	高压	积炭准位	排渣时间	工件尺寸	表面粗糙度
0	粗	8	20	负										
1	中	6	6	负										
2	精	3	3	负										

检查评议

此次任务的实施中要检查不同的电火花加工参数，防止参数选择不当而产生故障。

问题及防治

（1）损工　电火花机床损工，除了机床本身问题外，主要是电流参数选择不当，电流参数与放电脉宽密切相关，放电脉宽越长，电极损耗越小，片状电极、尖角电极、小电极，要求损工特别小的工件，可加大放电脉宽。

（2）积炭　积炭的主要特征是：工件与电极间冒较浓白烟，且加工声音为"吱吱"声。积炭的形成主要是放电加工后的炭渣未能及时排出，导致炭渣由电极通往工件，此时炭渣产生热量而烧坏工件。积炭严重时，应及时停机并用砂纸抛光积炭面，并可通过如下方法解决积炭问题：

1）选择高品质的工作液。
2）提高极间电压，最大不超过 5V。
3）降低放电时间。

4）提高排渣高度（每增加加工深度5mm，应增加排渣高度1mm），锥形、侧边工件时应再使排渣高度加倍。

5）减小伺服速度。

6）增加高压，以增加双边火花间隙，便于排渣。

（3）机头振动　应选择"排渣慢速"键，减慢排渣速度，防止产生拔模效应。

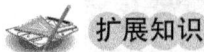 扩展知识

由于硬质合金是粉末冶金材料，它的热导率低，过大的脉冲能量和长时间持续的电流作用，都会使加工表面产生严重的网状裂纹。因此，为了提高粗加工的速度而采用宽脉宽、大电流加工是不可取的。一般会采用窄脉宽、高峰值电流，短促的瞬时高温使加工表面热影响层较浅，可避免产生裂纹。

思考与练习

一、选择题

1. 在电火花加工中，工件一般接电源的（　　）。
   A. 正极，称为正极性接法　　B. 负极，称为负极性接法
   C. 正极，称为负极性接法　　D. 负极，称为正极性接法

2. 下列哪一个选项不能提高电火花机床加工速度（　　）。
   A. 增大脉冲宽度　　B. 增大脉冲间隔　　C. 增大加工电流

3. 不论加工方向如何，"深度"值总是（　　）零。
   A. 小于　　B. 大于　　C. 等于

4. 电火花加工表层包括（　　）。
   A. 熔化层　　B. 热影响层　　C. 基体金属层　　D. 气化层

5. 下列各项中对电火花加工精度影响最小的是（　　）。
   A. 放电间隙　　B. 加工斜度　　C. 工具电极损耗　　D. 工具电极直径

6. 在加工较厚的工件时，要保证加工的稳定，放电间隙要大，所以（　　）。
   A. 脉冲宽度和脉冲间隔都取较大值　　B. 脉冲宽度和脉冲间隔都取较小值
   C. 脉冲宽度取较大值，脉冲间隔取较小值　　D. 脉冲宽度取较小值，脉冲间隔取较大值

7. 模具电火花穿孔加工常用的工艺方法有（　　）
   A. 直接加工法　　B. 混合加工法　　C. 间接加工法　　D. 单电极平动加工法

二、填空题

1. 在加工过程中低压电流选择过大容易引起＿＿＿＿＿，烧伤电极和工件。

2. 由于电火花加工的极性效应，当采用短脉冲加工时，工件应接＿＿＿＿＿，这种加工一般用于对零件的＿＿＿＿＿。

3. 电火花加工的表面质量主要是指被加工零件的＿＿＿＿＿、＿＿＿＿＿和＿＿＿＿＿。

4. 在电火花加工过程中，工件表面层分为＿＿＿＿＿、＿＿＿＿＿。

5. 电火花加工时选用的电加工参数（即电规准）主要有＿＿＿＿＿、＿＿＿＿＿、

_____。

三、简答题

1. 什么是电火花加工过程中的极性效应？加工时如何正确选择加工极性？
2. 电火花成形加工的主要工艺参数有哪些？
3. 减少数控电火花成形加工电极损耗的措施有哪些？
4. 试分析电火花加工中影响表面粗糙度的因素。
5. 影响电火花加工精度的主要因素有哪些？
6. 何谓电规准？电规准一般怎样进行选择？

单元 14　电火花加工的应用

知识目标

♪ 了解电火花成形加工的工艺流程

技能目标

♪ 掌握断入工件的钻头或丝锥的电火花加工方法

♪ 掌握单电极的电火花型腔加工方法

♪ 掌握单电极平动的电火花型腔加工方法

♪ 掌握多电极的电火花型腔加工方法

任务 1　断入工件丝锥的电火花加工

任务描述

如图 14-1 所示，该钢板在用 M10 丝锥进行攻螺纹时，由于操作不慎，将丝锥折断在孔内，现需应用数控电火花成形机床去除折断在工件中的丝锥，且保证钢板的螺孔能正常使用。

图 14-1　工件图

单元 14　电火花加工的应用

任务分析

该工作任务是应用数控电火花机床去除折断在工件中的丝锥。在对钻削好的孔用丝锥攻螺纹时，由于刀具硬而脆，抗弯、抗扭强度低，往往容易折断在孔中，为了避免工件报废，可采用电火花加工方法去除折断在工件中的丝锥。通过该工作任务的学习，使学生对数控电火花机床的相关知识有进一步的了解，掌握数控电火花机床加工零件的基本步骤和操作方法。

相关知识

1. 加工断入工件的钻头或丝锥时电极尺寸的设计

电极直径应根据钻头或丝锥的尺寸来决定。如图 14-2 所示，对于钻头，电极的直径 d' 应大于钻芯直径 d_0，小于钻头外径 d，一般 d_0 约为 $d/5$，故可取电极直径 $d' = (2/5 \sim 4/5) d$，以取 $(3/5) d$ 为最佳。对于丝锥，电极的直径 d' 应大于丝锥的钻芯直径 d_0，小于攻螺纹前的预孔直径 d_1，通常，电极的直径 $d' = \dfrac{d_0 + d_1}{2}$ 为最佳值。根据丝锥规格和钻头直径来选择电极直径，见表 14-1。

2. 电火花成形加工的工艺流程

下面以型腔加工工艺为例进行说明：

（1）工艺分析　对零件图样进行分析，了解工件的结构特点、材料，明确加工要求。

（2）电极设计　选择电极材料和电火花加工方法，确定电极结构形式，按图样要求，并根据加工方法和与放电有关的参数等设计电极尺寸及公差。如有必要，还应设计排气孔和冲（抽）油孔。

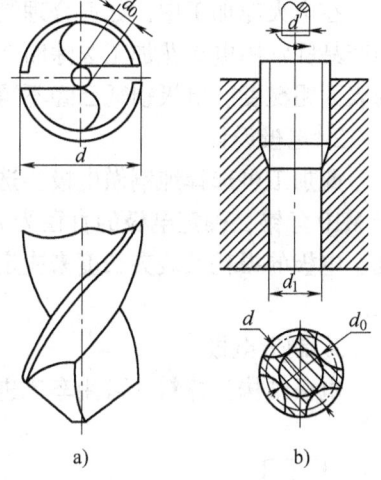

图 14-2　钻头和丝锥的有关尺寸
a) 钻头的外径和钻芯直径
b) 丝锥的有关尺寸

表 14-1　根据丝锥和钻头直径选取电极直径

电极直径/mm	$\phi 1 \sim \phi 1.5$	$\phi 1.5 \sim \phi 2$	$\phi 2 \sim \phi 3$	$\phi 3 \sim \phi 4$	$\phi 3.5 \sim \phi 4.5$	$\phi 4 \sim \phi 6$	$\phi 6 \sim \phi 8$
丝锥规格	M2	M3	M4	M5	M6	M8	M10
钻头直径/mm	$\phi 2$	$\phi 3$	$\phi 4$	$\phi 5$	$\phi 6$	$\phi 8$	$\phi 10$

（3）制造电极　根据电极材料、电极结构、制造精度、尺寸大小、加工批量、生产周期等选择电极制造方法。

（4）加工前的准备　对工件进行电火花加工前的钻孔、攻螺纹孔、磨平面、型腔预加工、去磁、去锈等。对需要进行淬火的工件，根据精度要求安排热处理工序。

（5）电极和工件的装夹、校正与定位

（6）选择电规准　根据加工的表面粗糙度及精度要求选择与放电脉冲有关的参数。

（7）开机加工　选择加工极性，调整机床，保持适当液面高度，调节加工参数，保持适当电流，调节进给速度、冲油压力等。监控机床运行状态，随时检查工件稳定情况，正确操作。

（8）加工结束　加工完毕，检验零件是否符合加工要求，并对机床进行维护保养，关闭机床。

 任务准备

电火花成形机床（以 Best-345＋ZNC50A 机床为例）若干，每组 1 台车床、工件、铜棒（φ10mm×60mm）、0 号砂纸。

 任务实施

1. 加工工艺分析

在电火花加工中，如何合理制订电火花加工工艺呢？如何用最快的速度加工出质量最佳的产品呢？用电火花加工去除断在工件中的钻头、丝锥时，应优先保证速度，因为此时工件的表面粗糙度、电极损耗已经不重要了。

2. 电极设计

此加工可选择纯铜做电极，选用整体式结构单电极加工，根据表 14-1 中的参数，对应于 M10 丝锥，确定电极的直径为 φ7mm（见图 14-3）。电极的长度由断入工件的丝锥的深度、电极的损耗及装夹长度来决定，此处长度设定为 60mm，工件可采用侧冲油方式进行加工。

3. 制造电极

电极结构为棒料，可用车床进行车削加工，并用砂纸抛光（见图 14-4 和图 14-5）。

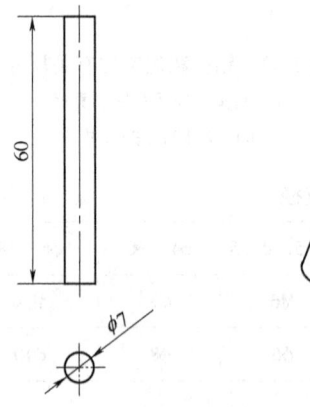

图 14-3　电极图

图 14-4　车削电极（一）

4. 电极和工件的装夹、校正与定位

电极直接装夹在机床主轴头的电极夹头中，用直角尺在 X、Y 两个方向调整，使电极与机床工作台面垂直，然后将工件安装在电火花机床的工作台面上，使折断的钻头或丝锥的中心与机床工作台面保持垂直，再移动工作台，使电极中心与断入工件中的钻头或丝锥的中心一致（见图 14-6 ~ 图 14-10）。

图 14-5 车削电极（二）

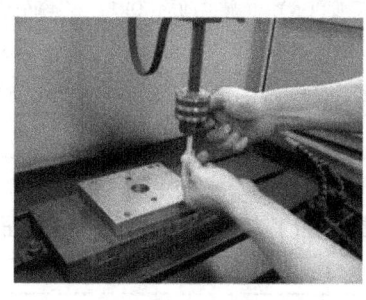

图 14-6 电极装夹（一）

图 14-7 电极装夹（二）

图 14-8 工件装夹

图 14-9 电极与工件 Z 轴定位

图 14-10 电极与工件 X、Y 轴定位（目测法）

5. 选择加工参数

开动机床前要选择好加工参数。由于对加工精度和表面粗糙度的要求不高，因此，应选用加工速度快、电极损耗小的标准。但加工电流受电极加工面积的限制，电流过大容易造成拉弧；另一方面，为了达到电极损耗的目的，要注意峰值电流和脉冲宽度之间的匹配关系，电流过大也会增加电极的损耗。所以，脉冲宽度可以适当取大些，并采用负极性加工；停歇时间要和脉冲宽度匹配合理。低损耗粗加工参数的参考标准见表 14-2。

表 14-2　低损耗粗加工参数参考标准

脉冲宽度(ON)	脉冲间隔(OFF)	峰值电流(IP)	高压控制(H)	低压电压(VL)	间隙电压(SV)
200	50	10~15	4	0	40~60
放电极性(POL)	抬刀高度(UP)	加工时间(DN)	伺服速度(S)	电容(C)	条件号(C 代码)
负	2	5	0	0	—

具体加工参数见表 14-3，电控面板显示如图 14-11 所示。

表 14-3　电加工参数

电流参数	电流/A	极性	脉冲宽度	脉冲间隔	极间电压	放电时间	伺服速度	高压	积炭准位	排渣时间
8	15	负	200	50	60	5	0	4		2

6. 开机加工

调整机床，保持适当液面高度，调节加工参数，保持适当电流，调节进给速度、充油压力等。监控机床运行状态，随时检查工件稳定情况，正确操作，如图 14-12 所示。

图 14-11　电加工参数的选择

图 14-12　电火花加工

7. 加工结束

加工完毕，卸下工件进行检测，并对机床进行维护保养，关闭机床。

检查评议

学生能正确设计电极，并在对电极进行加工的过程中遵守安全操作规程，会选用粗加工的电流参数进行加工，保证螺孔完好无损。

问题及防治

在加工过程中要注意以下几项：

1) 工件正式加工前，要确认工件、电极已经固定好，确认导线的绝缘皮没有破裂，检查电极、工件、夹具之间有没有干扰。

2）检查灭火装置是否完好。

3）加工中，保证冲油顺畅；检查加工参数是否合适，放电是否正常。

4）加工过程中不可碰触电极工具，一般操作人员不得较长时间离开电火花机床，对于重要机床每班操作人员不得少于两人。

5）经常保持机床电气设备清洁，防止受潮，以免降低绝缘强度而影响机床的正常工作。

6）加添工作介质煤油时，不得混入类似汽油之类的易燃物，防止火花引起火灾。

7）加工时，工作液面要高于工件一定距离（50mm以上），如果液面过低，加工电流较大，很容易引起火灾。

8）电火花加工时间内，应有抽烟雾、烟气的排风换气装置，保持室内空气良好而不被污染。

9）机床周围严禁烟火，并应配备适用于油类的灭火器，最好配置自动灭火器。

10）下班前关闭所有电源开关，关好门窗。并清扫实习车间，关闭照明灯及风扇后方可离开。

思考与练习

一、填空题

1. 对钻削好的孔用丝锥攻螺纹时，由于刀具_____，往往容易折断在孔中，为了避免工件报废，可采用_____方法去除折断在工件中的丝锥。

2. 电极直径应根据断入钻头尺寸来决定。电极的直径 d' 应_____钻芯直径 d_0，_____钻头外径 d，一般 d_0 约为 $(1/5)d$，故可取电极直径 $d'=(2/5\sim4/5)d$，以取_____为最佳。

二、简答题

1. 断入工件的丝锥、钻头为什么需要用电火花加工？
2. 如何设计断入工件的钻头或丝锥的电极尺寸？

任务2　单电极法电火花型腔加工

任务描述

用一个电极精加工如图14-13所示的型腔，工件材料45钢，加工位置为工件中心，加工深度为 5mm±0.02mm，加工表面粗糙度值为 $Ra3.2\mu m$，电极减少量为 0.12mm/单侧。

任务分析

该工作任务为使用电火花机床加工一个简单孔型型腔，主要难点在于保证孔型尺寸精确，表面粗糙度值小。通过孔型型腔的电火花加工，使学生能够设计电极尺寸，正确选择电加工参数，熟练掌握电火花机床的操作技能。

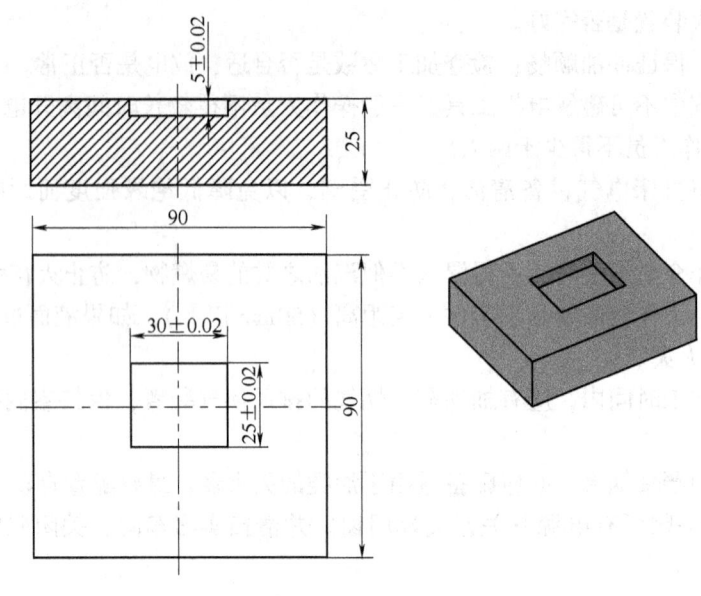

图 14-13 工件图

相关知识

1. 工件轮廓的预加工

一般在电火花加工前,需要对工件轮廓进行预加工,如图 14-14 所示。预加工一般使用机械加工的方法,如用加工中心、普通铣床加工等。预加工的目的是为了减少电火花加工中的材料去除量,可以大幅度提高电火花加工速度,减少电极损耗,使得电极的数目减少。在能保证加工成形的条件下电加工余量越小越好。一般型腔侧面加工余量单边留 0.3~1.5mm,底面余量留 0.2~0.7mm。如果是多台阶复杂型腔,则余量应适当减小。电加工余量应均匀,否则将使电极损耗不均匀,影响成形精度。

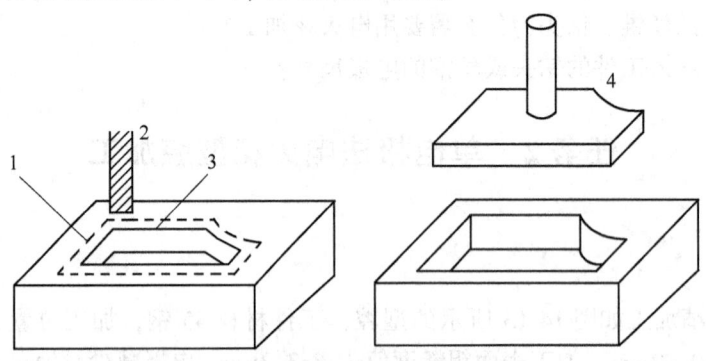

图 14-14 工件轮廓预加工
1—精加工轮廓 2—铣刀 3—预加工轮廓 4—电极

2. 工件的热处理

工件在预加工后(预孔、螺孔、销孔均加工出来),即可转入热处理进行淬火,这样可以避免热处理变形对型腔加工后的影响。在生产中,可根据型腔模具的要求、工件材料热处理变形情况等具体条件,恰当地安排热处理工序。

3. 其他工序

工件热处理后，应首先检查有无裂纹现象，若有，应停止继续加工，以避免不合格品的产生和减少不必要的浪费；为防止变形，须再磨光两平面；为了定位校正，还要磨基准面或划出基准线，或在工件表面划出型腔的轮廓线和中心线，以利于电极和工件的校正定位。

另外工件在电火花加工前还必须除锈去磁，否则在加工中工件吸附铁屑，很容易引起拉弧烧伤。

4. 单电极加工型腔的工艺方法

单电极加工法是指用一个电极加工出所需型腔。单电极加工法用于下列几种情况：

1）用于加工形状简单、精度要求不高的型腔。

2）用于加工经过预加工的型腔。为了提高电火花加工效率，型腔在电加工之前采用切削加工方法进行预加工，并留适当的电火花加工余量，在型腔淬火后用一个电极进行精加工，达到型腔的精度要求。

3）用于加工深度很浅的浅型腔模，如各种纪念章、证章的花纹模，以及工艺美术图案、浮雕、文字等。

4）用于加工无直壁的型腔模具或成形表面。无直壁的型腔表面都与水平面有一倾斜角，工具电极在向下垂直进给时，对倾斜的型腔表面有一定的修整、修光作用。

任务准备

电火花成形机床（以 Best-345 + ZNC50A 机床为例）若干台，每组 1 台铣床，工件、纯铜块（毛坯尺寸为 40mm×35mm×40mm）、0 号砂纸。

任务实施

1. 加工工艺分析

该任务是应用数控电火花机床完成图 14-13 所示简单孔型模具型腔的电火花加工，零件精度达到 ±0.02mm，精度要求较高，表面粗糙度值为 $Ra3.2\mu m$。工件的材料为 45 钢，尺寸为 90mm×90mm×25mm，用单电极加工。

2. 电极设计

此加工可选择锻造过的纯铜做电极，选用整体式结构，单电极加工，电极的设计要考虑电极的装夹与校正，本任务采用毛坯尺寸为 40mm×35mm×40mm 的纯铜块做电极。该电极分两部分，一部分为直接加工部分，长度为 25mm，另一部分为装夹及校正部分，长度为 10mm，顶部钻 M10 螺孔。电火花加工单边火花放电间隙 $\delta = 0.12mm$，因此电极的截面尺寸设计为 29.76mm×24.76mm，尺寸公差为 ±0.01mm（见图 14-15）。工件可采用侧冲油或油浸式进行加工。

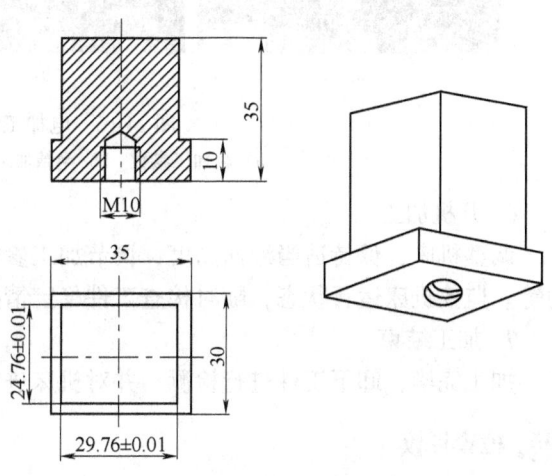

图 14-15 电极设计

3. 制造电极

电极结构简单，可用铣床进行铣削、钻削、攻螺纹等加工，并用砂纸抛光（具体加工方法参考单元11　电极设计与制造）。

4. 电极和工件的装夹、校正与定位

工件采用永磁吸盘装夹，用百分表分别校正工件和电极，工件和电极的定位用四面分中法（具体操作方法可参考单元12　工件、电极的装夹与校正）。

5. 选择加工参数

为了达到电极低损耗的目的，要注意电流和脉冲宽度之间的匹配关系。加工深度根据电极损耗和电火花放电间隙设置为4.98mm，采用正极性，并设置三段加工。具体加工参数见表14-4，电控面板显示如图14-16所示。

表14-4　电加工参数设置（参考）

段数	电流参数	电流	极性	脉冲宽度	脉冲间隔	极间电压	放电时间	伺服速度	高压	积炭准位	排渣时间	加工深度/mm	加工精度
0	6	6	正	180	18	1	1	5	1	3	2	4.70	粗
1	5	5	正	125	12	2	2	4	1	2	1	4.85	半精
2	3	3	正	45	10	2	3	4	5	2	1	4.98	精

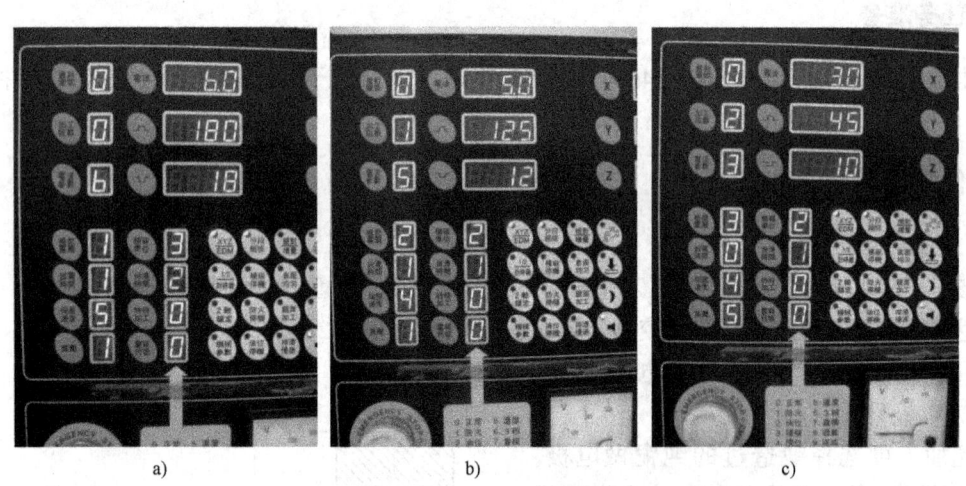

图14-16　电加工参数的选择
a）粗加工参数　b）半精加工参数　c）精加工参数

6. 开机加工

调整机床，保持适当液面高度，调节加工参数，保持适当电流，调节进给速度、充油压力等。监控机床运行状态，随时检查工件稳定情况，正确操作，如图14-17所示。

7. 加工结束

加工完毕，卸下工件进行检测，并对机床进行维护保养，关闭机床。

检查评议

单电极精加工时，学生能正确设计电极尺寸，选择合理的电加工参数，完成工件的加工后，对工件精度进行评估。找出出现问题的原因是机床因素还是测量因素，回顾整个加工过程，是否有需要改进的地方。

问题及防治

1）防止在型孔加工中产生"放炮"。在加工过程中产生的气体，集聚在电极下端或油杯内部，当气体被电火花引燃时，就会像"放炮"一样冲破阻力而排出，这时很容易使电极与凹模错位，影响加工质量，甚至报废，这种情况在抽油加工时更易发生，因此在使用油杯进行型孔加工时，要特别注意排气，适当抬刀或者在油杯顶部周围开设气槽、排气孔，以利排出积聚的气体。

图 14-17　电火花加工

2）若采用浸油式加工，在加工过程中，需保证油液高于加工表面 50mm，如果液面过低，很容易引起火灾；在加工过程中，油温不能超过 60～65℃，使油温限制在安全的范围内。

3）加工过程中，操作人员不能同时一手触摸电极，另一手触摸机床，否则有触电的危险，严重时会危及生命，操作人员脚下应铺垫绝缘板，在紧急情况下，可按急停键，切断电源。

扩展知识

对于底面平整的电极，在电火花加工中，由于各种原因，造成电极底面凹凸不平，如继续进行加工，则加工精度和表面粗糙度达不到要求，这时，可对电极底面进行修整，修整方法如下：用一块上下底面平整的钢板（保证上下底面平行）作为工件，用被修整的电极作电极，选择电流参数为 9（即工件和电极同时损耗）进行加工，一边加工，一边操作工作台手柄，移动工件，直至电极底面修复平整为止。

思考与练习

一、选择题

有关单工具电极直接成形法的叙述中，不正确的是（　　）。

A. 加工精度不高　　B. 不需要平动头　　C. 需要重复装夹　　D. 表面质量很好

二、判断题

1. 预加工的目的是为了减少电火花加工中的材料去除量，可以大幅度提高电火花加工速度，电极的损耗减少。（　　）

2. 在能保证加工成形的条件下电加工余量越大越好。（　　）

3. 电火花加工前，需对工件进行预加工，去除大部分加工余量，且需进行除锈、消磁处理。（　　）

4. 单电极加工法适用于加工深度很浅的浅型腔模，如各种纪念章、证章的花纹模，以及工艺美术图案、浮雕、文字等。（　　）

三、简答题

1. 单电极加工法适用于哪些模具型腔的加工？
2. 如何防止在型孔加工中产生"放炮"现象？

任务 3　单电极平动法电火花型腔加工

 **任务描述**

使用单电极平动法完成如图 14-18 所示模具型腔的电火花加工。其中工件材料为 40Cr，硬度为 38～40HRC，加工位置为工件中心，加工深度为 5mm±0.02mm，加工表面粗糙度值为 $Ra1.6\mu m$，电火花加工单边火花放电间隙为 $\delta=0.12mm$，平动量为 $\delta_0=0.30mm$。

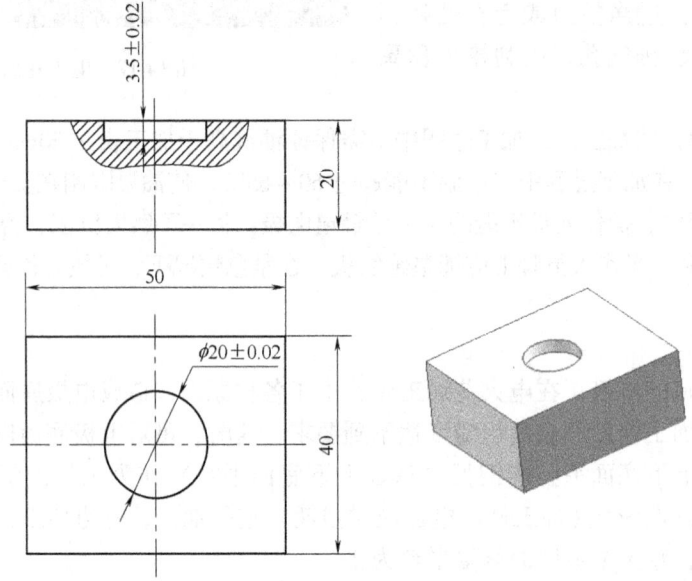

图 14-18　模具型腔

任务分析

该工作任务为利用电火花机床加工一简单孔型型腔，主要难点在于保证孔型尺寸精确，表面粗糙度值小。通过孔型型腔的电火花加工，使学生掌握电极尺寸的设计方法，单电极平动加工方法及参数设置方法，熟练掌握电火花机床的操作技能。

 相关知识

1. 单电极平动（摇动）法加工型腔

对有平动功能的电火花机床，在型腔不预加工的情况下，也可用一个电极加工出所需型腔。它是采用一个电极完成形腔的粗、中、精加工。首先采用低损耗（<1%）、高生产率的粗规准进行加工，然后起动平动头带动电极（或数控坐标工作台带动工件）做平面圆周运动，平动头扩大间隙原理图如图 14-19 所示，按照粗、中、精的顺序逐级转换电规准。并相应加大电极做平面圆周运动的回转半径，以补偿前后两个加工规准之间型腔侧面放电间隙

差和表面微观平面度，实现型腔侧面仿形修光，完成整个型腔的加工。

如果不采用平动（摇动）加工，如图 14-20a 所示，用粗加工电极对型腔进行粗加工之后，型腔四周侧壁留下很大的放电间隙，而且表面粗糙度值很大（如图 14-20b 所示），此时再用精加工电规准已无法进行加工，必要时只好更换一个尺寸较大的精加工电极，如图 14-20c 所示，这样费时又费钱。如果采用平动（摇动）加工，如图 14-20d、e 所示，只要用一个电极向左、右、前后平动，逐步地由粗到精改变规准，就可以较快地加工出型腔来。

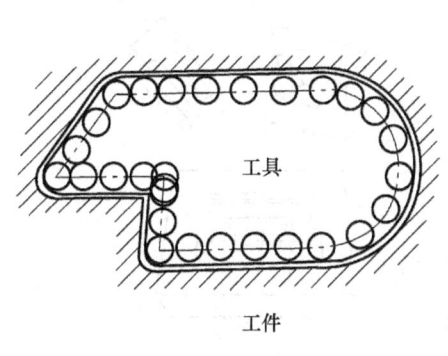

图 14-19　平动头扩大间隙原理图

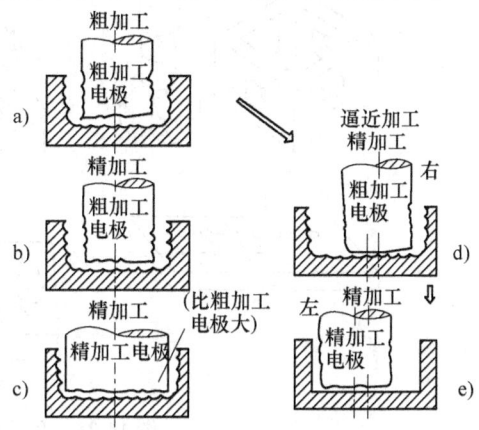

图 14-20　平动加工的优点

用单电极平动法的最大优点是只需一个电极，一次装夹、定位，便可达到 ±0.05mm 的加工精度，在加工过程中方便了电蚀产物的排出，使加工过程稳定。其缺点是难以获得高精度的型腔，特别是难以加工出清棱、清角的型腔。因为平动时，电极上的每一个点都按平动头的偏心半径做圆周运动，清角半径由偏心半径决定。此外，电极在粗加工中容易引起不平的表面龟裂状的积炭层，影响型腔表面粗糙度。为弥补这一缺点，可采用精度较高的重复定位夹具，将粗加工后的电极取下，经均匀修光后，再重复定位、装夹，再用平动头完成形腔的终加工，可消除上述缺陷。

采用数控电火花加工机床时，是利用工作台按一定轨迹做微量移动来修光侧面的，为区别于夹持在主轴头上的平动头的运动，通常将其称作摇动。由于摇动轨迹是靠数控系统产生的，所以具有更灵活多样的模式，除了小圆轨迹运动外，还有方形、十字形运动，因此更能适应复杂形状的侧面修光的需要，尤其可以做到尖角处的"清根"，这是一般平动头所无法做到的。如图 14-21a 所示为基本摇动模式，如图 14-21b 所示为工作台变半径圆形摇动，主轴上下数控联动，可以修光或加工出锥面、球面。由此可见，数控电火花加工机床更适合单电极法加工。

另外，可以利用数控功能加工出以往普通机床难以加工或不能加工的零件。如利用简单电极配合侧向（X、Y 向）移动、转动、分度等进行多轴控制，可加工复杂曲面、螺旋面、坐标孔、侧向孔、分度槽等，如图 14-21c 所示。

任务准备

电火花成形机床（以 Best-345 + ZNC50A 机床为例）若干台，每组 1 台铣床，工件、纯铜棒（毛坯尺寸为$\phi 25\text{mm} \times 45\text{mm}$）、0号砂纸、游标卡尺。

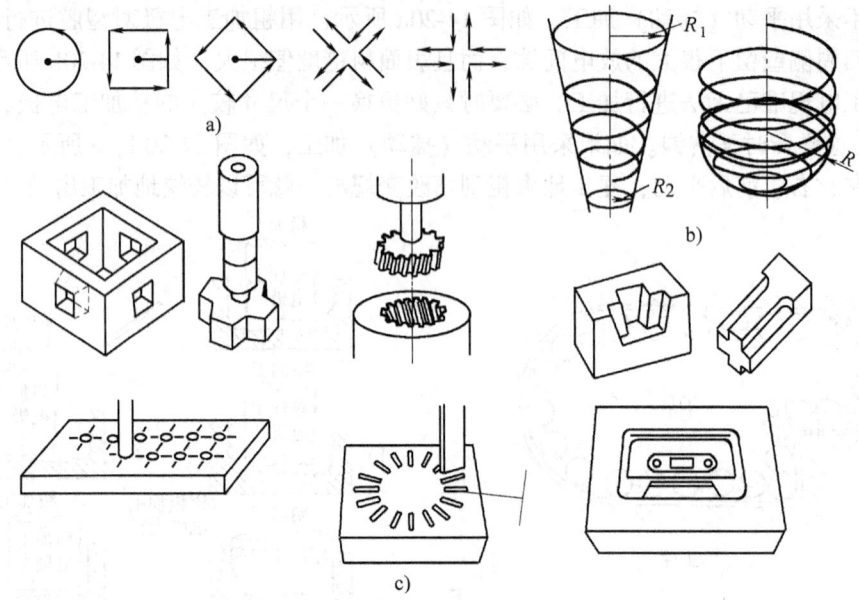

图14-21 几种典型的摇动式加工实例
a）基本摇动模式 b）锥变摇动模式 c）数控联动加工实例
R_1—起始半径 R_2—终止半径 R—球面半径

任务实施

1. 加工工艺分析

该任务是应用数控电火花机床完成如图14-18所示简单孔型模具型腔的电火花加工，零件精度达到±0.02mm，精度要求较高，表面粗糙度值为$Ra1.6\mu m$。工件的材料为40Cr，尺寸为$50\text{mm} \times 40\text{mm} \times 20\text{mm}$，用单电极平动法加工。

2. 电极设计

此加工可选择锻造过的纯铜做电极，选用整体式结构，单电极加工，电极的设计应考虑电极的装夹校正。本任务采用毛坯尺寸为$\phi 25\text{mm} \times 45\text{mm}$的纯铜棒，该电极分两部分，一部分为直接加工部分，长度为25mm，另一部分为电极装夹部分，长度为15mm。电火花加工单边火花放电间隙$\delta = 0.12\text{mm}$，平动量$\delta_0 = 0.30\text{mm}$，因此电极的截面尺寸设计为$\phi 19.16\text{mm}$，尺寸公差为±0.01mm（见图14-22）。工件可采用侧冲油或油浸式进行加工。

3. 制造电极

电极结构简单，可用车床进行车削加工，并用砂纸抛光。

4. 电极和工件的装夹、校正与定位

工件采用永磁吸盘装夹，用百分表分别校正工件和电极，工件和电极的定位用四面分中

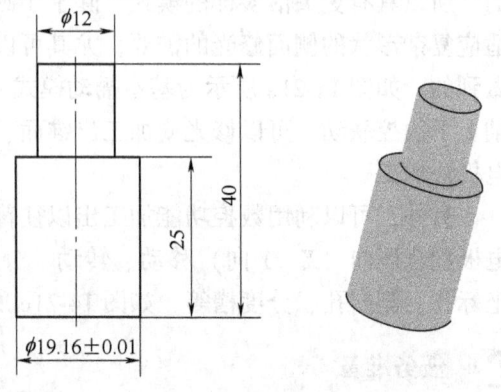

图14-22 电极图

法（具体操作方法可参考单元12）。

5. 选择加工参数

粗加工不采用平动加工，仅采用一组电加工参数；精加工分三段进行，并采用平动加工，摇动形状为圆，摇动平面为 X、Y 面，摇动半径为 0.30mm，加工深度根据电极损耗和电火花放电间隙设置为 3.48mm，保证加工精度。电规准和平动量及其转换过程见表14-5，电控面板显示如图14-23所示。

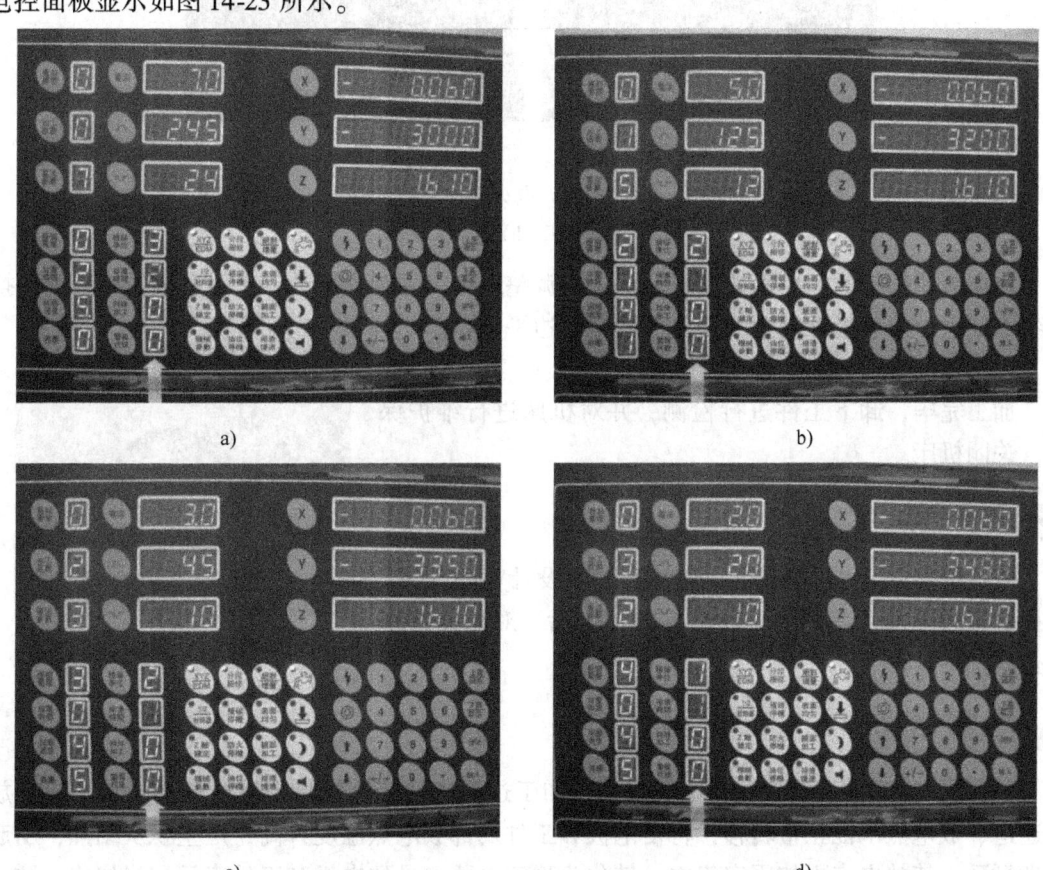

图14-23 粗、精加工参数的选择

a) 0 段电加工参数　b) 1 段电加工参数　c) 2 段电加工参数　d) 3 段电加工参数

表14-5 加工的电规准转换与平动量分配（参考）

加工精度	段数	电流参数	电流/A	极性	脉冲宽度/μs	脉冲间距/μs	伺服速度	单边平动量/mm	加工深度/mm
粗	0	7	7	正	245	24	5	—	3.00
精	1	5	5	正	125	12	4	0.15	3.20
	2	3	3	正	45	10	4	0.25	3.35
	3	2	2	正	20	10	4	0.30	3.48

6. 开机加工

调整机床，调节加工参数，保持适当电流，调节进给速度、冲油压力及冲油位置等。监控机床运行状态，随时检查工件稳定情况，正确操作。如图14-24所示为电火花机床正在加工中，如图14-25所示为完成的型腔产品。

a) b)

图14-24 电火花加工

a) 冲油式加工 b) 平动头操作

在电火花加工时，用手拧动平动头上的调整螺钉，并观察平动头上百分表指针来回偏摆的刻度值，百分表指针偏摆的刻度值便是双边平动量。

7. 加工结束

加工完毕，卸下工件进行检测，并对机床进行维护保养，关闭机床。

 检查评议

用单电极平动法加工时，学生能正确设计电极尺寸，选择合理的电加工参数，完成工件的加工后，对工件精度进行评估。

图14-25 型腔产品

 问题及防治

1）加工过程中，密切注视电弧烧伤。加工过程中局部电蚀物密度过高，排屑不良，放电通道、放电点不能正常转移，将使电极和工件局部放电点温度升高，产生积炭结焦，引起恶性循环，使放电点更加固定集中，转化为稳定电弧，导致电极和工件表面积炭烧伤。防止方法是增大脉冲间距及加大冲油，增加抬刀频率和幅度，改善排屑条件。

2）加工过程中，要密切留意工件型腔内是否有不导电的杂质（如胶水等），在电火花加工时，有杂质的地方，电极无法与工件产生放电，这样便增大了电极与工件局部放电点的电流，放电处的温度升高，也易产生积炭；更严重时会使电极偏移、轴线倾斜，导致工件报废。

思考与练习

一、填空题

在型腔的电火花加工中，型腔的侧面修光是通过_____来实现的。

二、判断题

1. 平动头是一个使装在其上的电极能产生微量向外机械补偿动作的工艺附件。（ ）

2. 加工过程中，工件型腔内有不导电的杂质，易产生加工积炭，严重时使电极偏移

轴线而倾斜，导致工件报废。　　　　　　　　　　　　　　　　　　　　（　　）

三、简答题

1. 什么是平动？
2. 单电极平动加工法有何优缺点？
3. 简述平动头的操作方法。

任务 4　多电极更换法电火花型腔加工

任务描述

用两个电极加工如图 14-26 所示的型腔，工件材料 45 钢，加工位置为工件中心，加工深度为 5mm±0.02mm，加工表面粗糙度值为 $Ra1.6\mu m$。

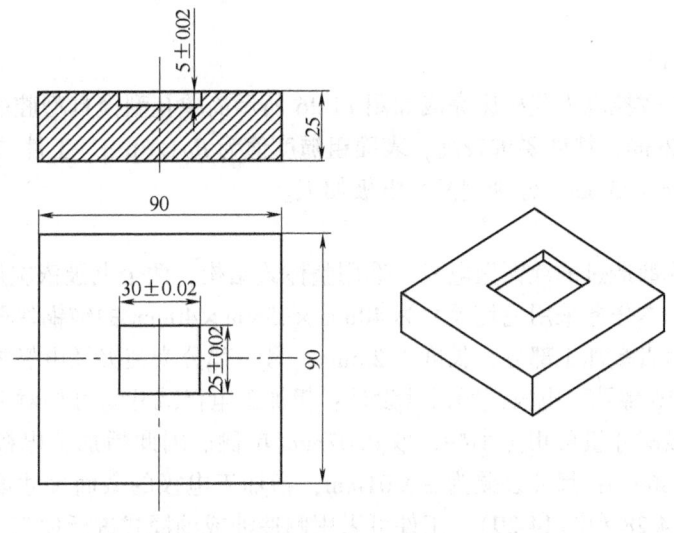

图 14-26　工件图

任务分析

该工作任务为在电火花机床上利用两个电极粗、精加工一简单孔型型腔，重点在于分别对粗、精加工电极进行设计，以及粗、精加工参数的选择，确保工件型腔的尺寸精确和表面粗糙度。通过用多电极进行型腔的电火花加工，使学生掌握多电极电火花加工中电极尺寸的设计方法，正确选择各电极加工时的电加工参数，并熟练掌握电火花机床的操作技能。

相关知识

1. 多电极更换法加工型腔

多电极更换法是用多个电极，依次更换加工同一个型腔，如图 14-27 所示。每个电极

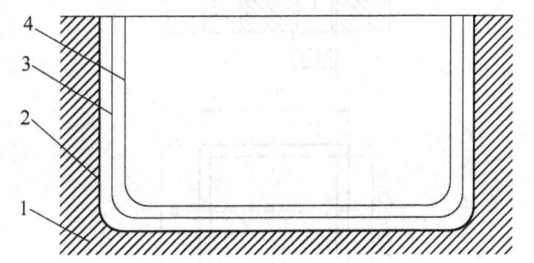

图 14-27　多电极加工示意图
1—模块　2—精加工后的型腔　3—半精加工后的型腔　4—粗加工后的型腔

都要对型腔的整个被加工表面进行加工，但电规准各不相同，所以设计电极时必须根据各电极所用电规准的放电间隙来确定电极尺寸。每个电极加工时必须把上一规准的放电痕迹去掉。一般用两个电极进行粗、精加工就可满足要求；当型腔模的精度和表面质量要求很高时，可采用三个或更多个电极进行加工。

用多电极更换法加工的型腔精度高，尤其适用于加工尖角、窄缝多的型腔。其缺点是需要制造多个电极，且要求多个电极的一致性好、制造精度高，另外，更换电极时要求定位、装夹精度高，因此一般只用于精密型腔的加工。

任务准备

电火花成形机床（以 Best-345 + ZNC50A 机床为例）若干台，每组 1 台铣床，工件、纯铜块两件（毛坯尺寸为 40mm×35mm×40mm）、0 号砂纸、游标卡尺。

任务实施

1. 加工工艺分析

该任务是应用数控电火花机床完成如图 14-26 所示简单孔型模具型腔的电火花加工，零件精度达到 ±0.02mm，精度要求较高，表面粗糙度值为 $Ra1.6\mu m$。工件的材料为 45 钢，尺寸为 90mm×90mm×25mm，分别用两个电极加工。

2. 电极设计

此加工可选择锻造过的纯铜做电极，选用整体式结构，两个电极依次加工，电极的设计应考虑装夹校正，本任务采用毛坯尺寸为 40mm×35mm×40mm 的纯铜块两件。每个电极分两部分，一部分为直接加工部分，长度为 25mm，另一部分为装夹及电极校正部分，长度为 10mm，顶部钻 M10 螺孔。电极截面尺寸设计：粗加工电极减寸量可相对大些，取 0.30mm/单侧；精加工电极减寸量可相应小些，取 0.07mm/单侧。因此粗加工电极的截面尺寸设计为 29.86mm×24.86mm，尺寸公差为 ±0.01mm，精加工电极的截面尺寸设计为 29.76mm×24.76mm（见图 14-28 和图 14-29）。工件可采用侧冲油或油浸式进行加工。

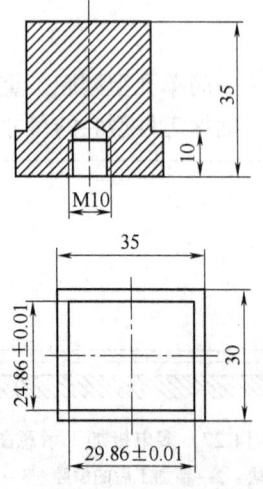

图 14-28 粗加工电极图

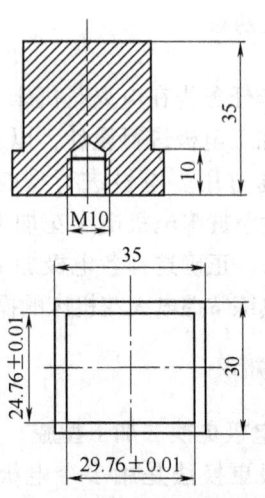

图 14-29 精加工电极图

3. 制造电极

电极结构简单，可用铣床进行铣削、钻削、攻螺纹等加工，并用砂纸抛光（加工方法参考单元 11）。

4. 电极和工件的装夹、校正与定位

工件采用永磁吸盘装夹，用百分表分别校正工件和电极（粗加工电极先装夹，待粗加工结束后，再装夹精加工电极），工件和电极的定位用四面分中法（具体操作方法可参考单元 12）。

5. 选择加工参数

粗加工以提高加工速度为主，仅采用一组电加工参数；精加工为提高加工精度和表面质量，分三段进行，加工深度根据电极损耗和电火花放电间隙设置为 4.98mm。电加工参数设置（参考）见表 14-6，电控面板显示如图 14-30 所示。

表 14-6 电加工参数设置（参考）

电极	段数	电流/A	极性	脉冲宽度/μs	脉冲间隔/μs	极间电压/V	放电时间	伺服速度	高压	积炭准位	排渣时间/s	加工深度/mm
粗		7	正	245	24	1	1	5	1	3	2	4.50
精	0	5	正	125	12	2	1	4	1	2	1	4.70
	1	3	正	45	10	3	0	4	5	2	1	4.85
	2	2	正	20	10	4	0	4	5	1	1	4.98

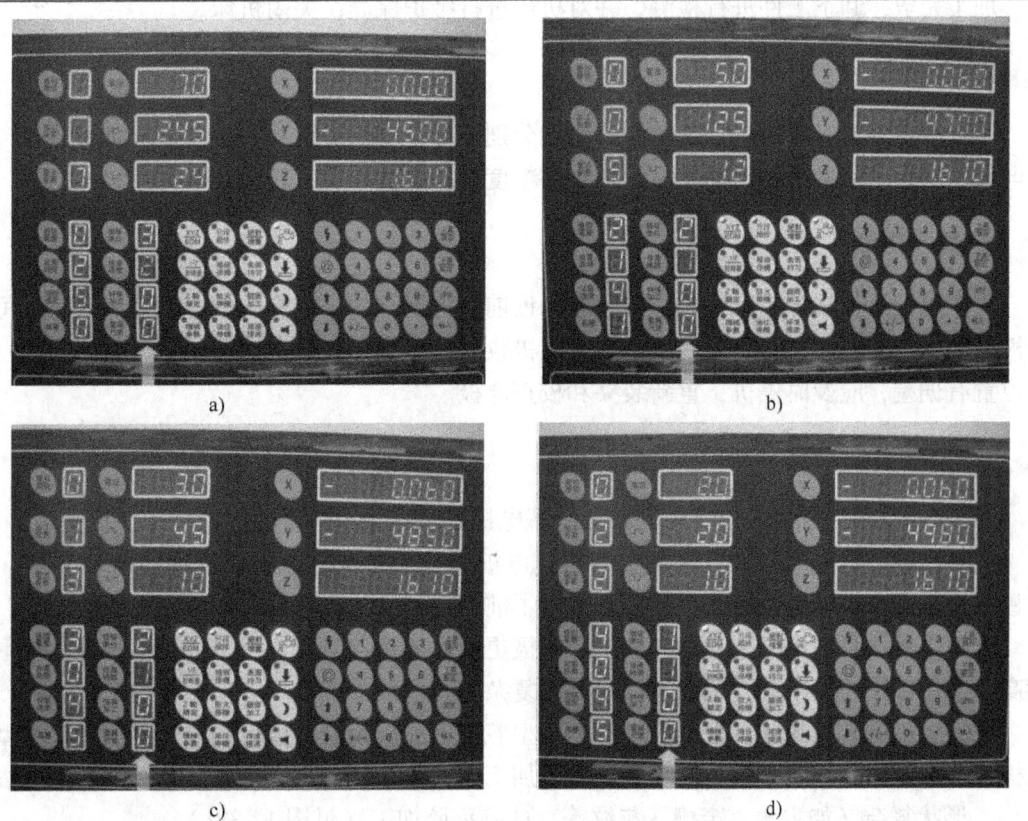

图 14-30 加工参数的选择

a) 粗加工电加工参数　b) 精加工 0 段电加工参数　c) 精加工 1 段电加工参数　d) 精加工 2 段电加工参数

6. 开机加工

调整机床，调节加工参数，保持适当电流，调节进给速度、冲油压力及冲油位置等。监控机床运行状态，随时检查工件稳定情况，正确操作。如图14-31所示为电火花机床正在加工中，如图14-32所示为完成的型腔产品。

图 14-31　电火花加工　　　　　　　　图 14-32　型腔产品

7. 加工结束

加工完毕，卸下工件进行检测，并对机床进行维护保养，关闭机床。

检查评议

用电火花多电极更换法加工时，学生能分别设计各电极的尺寸，各电极加工时选择合理的电加工参数，完成工件的加工后，对工件精度进行评估。

问题及防治

用多电极更换法加工工件时，必须要保证前一电极与后一电极的位置精度。因此，每个电极在装夹与校正时，必须要精准。后一电极校正好后，建议放电试加工，若发现与前一电极位置有偏差，应及时停机，重新装夹和校正电极。

扩展知识

分解电极法

模具型腔的电火花加工方法主要有：单电极直接成形法、单电极平动（摇动）法、多电极更换法和分解电极法等。我们分别学习了前面三种方法，下面介绍分解电极法。

分解电极法是单电极平动法和多工具电极更换法的综合应用。它工艺灵活性强，仿形精度高，适用于尖角、窄缝、沉孔、深槽多的复杂型腔模具加工。

根据型腔的几何形状，把电极分解为主型腔电极和副型腔电极分别制造和使用。主型腔电极一般完成去除量大、形状简单的主型腔加工（见图14-33a）；副型腔电极一般完成去除量小、形状复杂（如尖角、窄槽、花纹等）的副型腔加工（见图14-33b）。

此方法的优点是可以根据主、副型腔不同的加工条件，选择不同的加工规准，有利于提高加工速度和改善加工表面质量，同时使电极易于制造和修整。缺点是更换电极时主型腔和副型腔电极之间的定位精度难以保证。

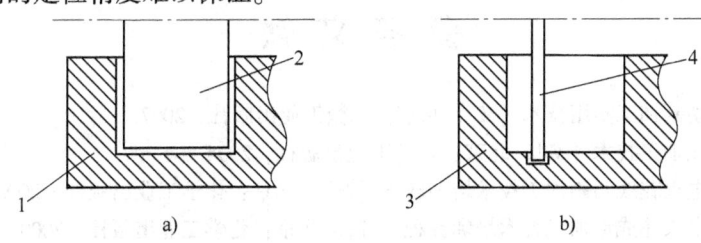

图 14-33　分解电极加工法示意图
a）主型腔加工　b）副型腔加工
1、3—工件　2—主型腔电极　4—副型腔电极

近年来，像加工中心那样具有电极库的 3～5 坐标的数控电火花机床，已经普遍使用。事先把复杂型腔分解为简单表面和相应的简单电极，编制好程序，加工过程中自动更换电极和转换规准，实现复杂型腔的加工。同时配合一套高精度辅助工具、夹具系统，可以大大提高电极的装夹定位精度，使采用分解电极法加工的模具精度大为提高。

思考与练习

一、填空题

目前在模具型腔电火花成形加工中的工艺方法有_____、_____、和_____等。

二、判断题

1. 多电极更换法是根据型腔的几何形状，将电极分解成几个部分，分别制作不同的工具电极，对型腔进行电火花加工。　　　　　　　　　　　　　　　　（　　）
2. 多电极更换法只能加工形状简单、精度要求不高的型腔。　　　　　（　　）
3. 多电极更换法加工工件时，必须要保证前一电极与后一电极的位置精度。（　　）

三、简答题

1. 什么是多电极更换法？用多电极更换法加工型腔时，有何优缺点？
2. 在电火花加工中，根据型腔的结构和要求，可采用哪些加工方法？

参 考 文 献

[1] 李立. 数控线切割加工实用技术 [M]. 北京：机械工业出版社，2007.
[2] 曹凤国. 电火花加工技术 [M]. 北京：化学工业出版社，2004.
[3] 伍端阳. 数控电火花线切割加工技术培训教程 [M]. 北京：化学工业出版社，2008.
[4] 伍端阳. 数控电火花成形加工技术培训教程 [M]. 北京：化学工业出版社，2009.
[5] 李云程. 模具制造工艺学 [M]. 北京：机械工业出版社，2008.
[6] 蒋亨顺. 数控机床编程与操作（电加工机床分册）[M]. 北京：中国劳动社会保障出版社，2011.
[7] 袁根福，祝锡晶. 精密与特种加工技术 [M]. 北京：北京大学出版社，2007.
[8] 罗学科，李跃中. 数控电加工机床 [M]. 北京：化学工业出版社，2003.

机 械 工 业 出 版 社

教师服务信息表

尊敬的老师：

您好！感谢您多年来对机械工业出版社的支持和厚爱！为了进一步提高我社教材的出版质量，更好地为职业教育的发展服务，欢迎您对我社的教材多提宝贵意见和建议。另外，如果您在教学中选用了《电加工编程与操作（任务驱动模式）》（林涛　谭成智　主编）一书，我们将为您免费提供与本书配套的电子课件。

一、基本信息

姓名：_____　性别：_____　职称：_____　职务：_____
学校：_____　系部：_____
地址：_____　邮编：_____
任教课程：_____　电话：_____(0)　手机：_____
电子邮件：_____　qq：_____　msn：_____

二、您对本书的意见和建议
　　　（欢迎您指出本书的疏误之处）

三、您近期的著书计划

请与我们联系：

100037　北京市西城区百万庄大街22号　机械工业出版社·技能教育分社　赵磊磊（收）
Tel：010-88379743
Fax：010-68329397
E-mail：286246843@qq.com

机 械 工 业 出 版 社

教师服务信息表

尊敬的老师：

您好！感谢您多年来对机械工业出版社的支持和厚爱！为了进一步提高我社教材的出版质量，更好地为职业教育的发展服务，欢迎您对我社的教材多提宝贵意见和建议。另外，如果您在教学中选用了《电加工编程与操作（任务驱动模式）》（林涛　谭成智　主编）一书，我们将为您免费提供与本书配套的电子课件。

一、基本信息

姓名：_____　性别：_____　职称：_____　职务：_____
学校：_____　系部：_____
地址：_____　邮编：_____
任教课程：_____　电话：_____(0)　手机：_____
电子邮件：_____　qq：_____　msn：_____

二、您对本书的意见和建议
　　　（欢迎您指出本书的疏误之处）

三、您近期的著书计划

请与我们联系：

100037　北京市西城区百万庄大街22号　机械工业出版社·技能教育分社　赵磊磊（收）
Tel：010-88379743
Fax：010-68329397
E-mail：286246843@qq.com